Linus Zeitlmayr, 1893 geboren und 1974 gestorben, war schon länger als volkstümlicher Pilzberater tätig, als er bei Droemer Knaur sein Pilzbuch veröffentlichte. »Schwammerl-Professor«, ehrenamtlicher Bibliothekar bei der Bayerischen Botanischen Gesellschaft und der Natur verbundener Privatgelehrter, hat er mit diesem Buch ein ebenso lehrreiches wie informatives Werk geschaffen.

Vollständige Taschenbuchausgabe

Umschlaggestaltung Typobild Günter Becker
Umschlagfoto Chr. Lederer – Bavaria
Lithografie Penta-Repro, München
Satz und Druck Appl, Wemding
Bindung Sellier, Freising
Printed in Germany 9 · 5 · 982
ISBN 3-426-07312-9

Gesamtauflage dieser Ausgabe: 84 000

Linus Zeitlmayr:
Knaurs Pilzbuch

Das Haus- und Taschenbuch für Pilzfreunde

Mit 117 farbigen Pilzbildern von Claus Caspari,
neubearbeitet und erweitert von Johann Stangl

Knaur®

Inhalt

Vorwort

Noch ein Pilzbuch? – So mag ein fortgeschrittener Pilzfreund vielleicht mit einem besorgten Blick auf die lange Reihe alter und neuer Pilzbücher fragen, die auf seinem Bücherbrett stehen. Jawohl – noch ein Pilzbuch! Denn dieses neue Pilzbuch möchte der Pilzliebhaberei und womöglich der Pilzkunde mit neuer Darstellung neue Freunde gewinnen.

Auch der Verfasser selbst hat sich lange besonnen, ob er den von gelehrten Fachleuten bereits gegebenen vortrefflichen Darstellungen unserer einheimischen Gift- und Speisepilze noch eine eigene anreihen solle. Fachkundige Freunde bezweifelten das Bedürfnis. Aber zahlreiche nicht minder Kundige bejahten es lebhaft und ermunterten mich dazu. Aus den Kreisen der Bayerischen Botanischen Gesellschaft kamen so viel Zustimmungen und Aufforderungen von solchem Gewicht, daß alle meine Bedenken zerstreut wurden. Ich bin kein Neuling in der Pilzkunde und hinlänglich vertraut mit ihren Problemen, und es fehlt mir nicht an Erfahrung des Wünschenswerten. Das strömte mir reichlich zu, sowohl aus der praktischen Arbeit in der Pilzberatungsstelle als auch aus vielerlei Fragen auf Exkursionen. Die bisherigen Bücher gaben darauf meistens keine Antwort. Vornehmlich von den Münchener Altmeistern der Pilzkunde und praktischen Pilzberatung, Prof. Michael Merkl und Florian Lorenz, habe ich gelernt, worauf es ankommt, und ich meine, diesen hochverehrten Freunden damit eine Dankesschuld abtragen zu müssen, daß ich mein Werkchen dem Gedächtnis ihres langjährigen, mit öffentlicher Ehrung nie belohnten, segensreichen Wirkens widme. Die allerletzten Bedenken hat dann mein Freund Claus Caspari beseitigt, der schon so schöne Erfolge mit seinem rühmlichen Bemühen erzielt hat, der Natur abzulauschen, was ein wissenschaftlich aufgeschlossener Künstler in ihr zu beobachten und festzuhalten vermag. Sein Wunsch war es, mit mir an einem Pilzbuch zusammenzuarbeiten.

So ist dieses Buch wohl mehr als ein herkömmlicher Pilzführer geworden, indem es von den Lebensgeheimnissen einer großen und sonderbaren Pflanzengruppe mehr erzählt, als man sonst in Pilzbüchern findet. Die beste Beihilfe dazu sind jedoch die meisterhaften Porträts der Pilze, die Claus Caspari geschaffen hat. Einem volkstümlichen Buch möge man zugute halten, daß es sich auf das Wichtigste beschränkt, einem Taschenbuch zudem, daß es auch davon nur eine Auswahl treffen kann. Aber – wie fern auch immer das Ziel bleiben mag, das dem Naturfreunde vorschwebt: wunderschön ist schon der Weg dahin.

Den Grundplan meines Buches entnahm ich dem »Schwammerlbuch« meiner Kindheit, dem alten Sydow von 1905, dem ich den ersten Einblick in die Pilzkunde verdanke. Indessen mußte ich mich auch darin beschränken. Ein Bestimmungsbuch sollte dieses Buch nicht werden, teils wegen der räumlichen Grenzen, teils auch aus der Erfahrung heraus, daß Bestimmungswerke dem Anfänger meistens doch nur wenig nützen können. Ernsthafte Pilzfreunde, die wissenschaftlich weiter wollen, seien auf die Literatur verwiesen, die sie am Ende des Buches finden. Es ist durchaus kein Mangel etwa von Meinhard Mosers Buch, daß nur ein fortgeschrittener Pilzfreund es mit wirklichem Erfolg benützen wird; wer zuverlässig bestimmen will, muß sich schon daran halten, zumal es jetzt auch hinsichtlich der Nomenklatur von keinem älteren mehr ersetzt werden kann. Das Allerneueste, aus einem anderen Sprachraum kommend und Grundfragen der Systematik aufwerfend, die »Flore analytique des Champignons supérieurs« von Kühner und Romagnesi (Paris 1953), geht augenscheinlich schon deswegen zunächst nur die Gelehrten an.

Herzlicher Dank gebührt schließlich Herrn Dr. Werner Bötticher für freundlichen Rat und tätige Unterstützung.

München, am 30. Juni 1954 *Linus Zeitlmayr*

Vorwort zur neubearbeiteten und erweiterten Auflage

Am 25. September 1974 ist der Autor von »Knaurs Pilzbuch«, Linus Zeitlmayr, verstorben; darum mußte die fällige, verbesserte und stark erweiterte Neuauflage von einem anderen übernommen werden.

Vorweg bitte ich um Verständnis dafür, daß ich – da es mir nicht geraten schien, den Stil des hochverehrten Herrn Zeitlmayr kopieren zu wollen – bei den Beschreibungen der neu aufgenommenen Pilze meinen eigenen, etwas strafferen Stil beibehalten habe. Ich hoffe, daß dank der zahlreichen, neu hinzugekommenen hervorragenden Abbildungen von Claus Caspari »Knaurs Pilzbuch« in Zukunft noch mehr Freunde gewinnen und manch weitere Auflage erleben wird.

Dank gebührt auch dem Verlagshaus für Sorgfalt und Mühe, aber besonders für den mit der Erweiterung verbundenen Aufwand.

Besonders danken möchte ich meinem langjährigen Ratgeber und Förderer in der Pilzkunde, Herrn Prof. Dr. A. Bresinsky, Regensburg, sowie Herrn A. Einhellinger, München, und meinen langjährigen Freunden vom Augsburger und Münchner »Pilzverein«.

Augsburg, März 1976 *Johann Stangl*

Was ist ein Pilz?

Die grünen Pflanzen, in ungeheurer Zahl und Mannigfaltigkeit der Formen, Farben und Düfte, mit Blättern, Blüten und Früchten alle Räume der Erde bevölkernd, sind ganz und gar Kinder des Lichtes. Ein uralter Menschheitstraum hat uns das Paradies im Bild eines immergrünen, blühenden und gleichzeitig fruchtbaren Gartens gezeichnet, seinen Verlust aber als die Folge von Widersetzlichkeit gegen die Weisheit des sanften Zwanges, mit dem die Natur uns als ihre Kinder anleitet, nur ihr zu gehorchen und darin unser Glück zu finden. Innerhalb dieses Gartens Eden waren Frieden und dauerhafte Ordnung, außerhalb dornige Wüsten mit Bruderkrieg und Vernichtung. So mutet uns das grüne Pflanzenreich an als ewig leuchtende Erinnerung an ein verlorenes Paradies.

Die grüne Pflanze ist ein Kind des Lichtes. Aus Luft und Licht holt sie sich, was sie braucht. Die winzigen grünen Körnchen, die zu Millionen in jedem Blatte liegen, sind das Triebwerk ihres stillen Lebens. Diese Chlorophyllkörner – Chlorophyll heißt nichts anderes als Blattgrün – fangen die Energie des Sonnenlichtes auf, und mit ihrer Hilfe vollbringt die Pflanze das alltägliche und dennoch ewig neue Wunder, aus Totem – aus Wasser, Salzen und Kohlensäure der Luft – alle Bausteine des Lebendigen aufzubauen, Kohlehydrate, Fette, Eiweiß und damit, als größtes aller Wunder, Lebendiges zu gestalten.

So sind die grünen Pflanzen die Erstform eines sichtbaren Lebens, das die tote Materie besiedelt. Tierisches Leben ist nur dann möglich, wenn grüne Pflanzen ihm die Urnahrung bieten. Denn alle sich tierhaft ernährenden Lebewesen, zu denen auch wir Menschen gehören, leben direkt oder indirekt vom Grün der Pflanzen.

Doch nicht alle Pflanzen sind grün. Auch bleiche Pflanzenwesen gibt es, die nicht fähig sind, ihre Lebenssubstanz selber aufzubauen, weil ihnen das Blattgrün fehlt. So müssen sie nach Art der Tiere von anderem Leben nehmen, was sie zum ihrigen brauchen. Sie werden Schmarotzer, saugen Leben aus fremder Substanz, die dadurch zugrunde geht, und töten, um selber leben zu können. Aber nicht alle bleichen Pflanzen sind Schmarotzer, die nur auf Kosten eines anderen Lebens gedeihen. Es gibt unzählige, die sich mit dem begnügen, was von vollendetem Leben übrigblieb, und die so aus Abgestorbenem und Verwesendem ein neues Leben werden lassen. Dazu gehören auch die Pilze.

Fremd und in seiner Zwiespältigkeit unheimlich erscheint uns das Leben und Wirken der Pilze. Märchen und Sagen geben den Zwergen gewaltige Kräfte, die uns bald wohltätig, bald schädlich berühren. Aber sie bleiben in ihrem friedlichen Reich, wo der Mensch sie nicht stört und die Ordnungen umkehrt. Die natürlichen Dinge sind weder gut noch böse und an und für sich auch weder nützlich noch schädlich, sondern für uns je nach Zeit und Umständen hier und jetzt so, dort und dann anders. Nur aus ihrem Verhältnis zum Menschen, das er einmal freundlich, einmal feindlich empfindet, empfangen sie menschliches Wertmaß. Der gesamten Natur sind unsere moralischen Benotungen ebenso fremd wie uns die ganze Natur.

Pilze nennt man gewöhnlich das, was in unserer Muttersprache Schwämme, Schwammerln, Pülstlinge oder ähnlich heißt, nämlich die großen und ansehnlichen, meistens schön bunten Hutpilze aus Wald und Flur. Doch dann erinnert man sich, daß es auch Schimmelpilze gibt, die faulendes Obst, schlecht aufbewahrtes Brot oder lang aufgesparte Speisen- und Getränkereste wolligfilzig oder häutig überziehen und vollends rasch verderben. Von der eigentümlichen Gestalt dieser Pilze hat man kaum eine ungefähre Vorstellung und kennt die meisten nur vom Hörensagen, selten auch aus eigener Anschauung. Gelegentlich hört man wohl von Hefepilzen, benutzt Bäcker- oder Brauhefe, hört von kahmigem Wein und Bier, vielleicht sogar von einem Köpfchen- und Pinselschimmel. Von den tausenderlei Formen und Lebensverhältnissen all der Pilze jedoch, die man nicht sieht, hat der einfache Mensch zeitlebens keine Ahnung. Denn wer hat schon eine schärfere Lupe oder gar ein stark vergrößerndes Mikroskop zu häufigem Gebrauch oder als Hausgerät zur Hand? Wer kümmert sich schon um das unsichtbare Leben rund um unseren Alltag? Erst dem Forscher, der mit Lupe und Mikroskop alltäglich arbeiten muß, verdanken wir die Erschließung einer ganzen großen Welt im Kleinsten und Unsichtbaren. Unzählige Lebewesen gehören dazu; die einzelligen Tiere und Pflanzen, und die Bakterien; sie alle sind mikroskopisch klein, das heißt in der Tat dem unbewaffneten Auge niemals sichtbar. Auch die wichtigsten Pilze gehören dazu. Doch davon hatte der Mensch keine Ahnung, wenn er draußen in Wald, Feld und Flur den Pilzen begegnete, den bunten Schwammerln.

Allerlei Volksaberglaube

Märchen und Volkslied sagen und singen von den »Männlein im Walde«. Uralte Sage weiß von sonderbaren Gestalten, die da mit dikkem Leib und rundem Hut am Waldboden stehen, schnell erschienen, unmerklich verschwunden und immer umwittert vom dunklen Geheimnis. Und vom magischen Wissen der Vorzeit ist mancherlei Restgut im Volksaberglauben lebendig geblieben. So hängt ihr Wachstum, wie man noch heute da und dort in bayerisch-österreichischen Ländern erzählt, von höheren und niederen Wachstumsgottheiten ab, einst also wohl von Donar und Wodan, später von ihren christlichen Entsprechungen, also von Gott und seinen Heiligen, namentlich von St. Peter als dem Wetterherrn, von St. Veit als dem Nachfolger des slawischen Sonnengottes Svantevit, von den Heiligen Prokopius und Antonius dem Einsiedler; andererseits sind es aber auch Teufel, Hexen, Elfen und gut- oder bösartige Schwammgeister, die das Pilzgeschlecht wachsen lassen, Schwammseelen, Schwammzwergeln oder aber ein zwerggestaltiger Schwammprophet. Ihnen allen bringt man kleine Opfer und »Schwammgebete« dar. Fliegenschwämme, die als die giftigsten aller Pilze gelten, und Boviste sind »Teufelsschöpfungen«, »Teufelszeug«, »Teufelsduwak« oder »Teufelsschnupftabak«. Der heilige Petrus, der bayerische »Donnerpeter«, dessen Festtag am 29. Juni ist, verleiht »Schwammsamen«. »An St. Peter und Paul regnet es Schwämme.« Der »heilige Sankt Veit« reitet an seinem Festtage, dem 15. Juni, in der Nacht auf einem blinden weißen Rosse, wie einstmals Wodan, durch die Wälder und sät »Schwammsamen«. »Prokop (am 4. Juli) regnet Schwämme.« St. Antonius der Große, der Einsiedler, dessen Attribut ein Schwammerltier, das Schwein, ist, weshalb er auch bajuwarisch-urgemütlich »Sautonerl« geheißen wird, der Patron der Schweinehirten und Schweinehändler, ist auch der Schutzheilige aller Schwammerlsucher und Pilzhändler. Als Einsiedel geht er mit seinem Stabe, woran ein Glöcklein hängt, durch die Wälder und verscheucht die bösen Geister, welche die (guten) Pilze vor den Blicken der Menschen verstecken. Nach dem gleichen Volksglauben gibt es auch »Pilzlanzoaga« oder »Pilzlingsverräter«, das sind bestimmte Pilze, welche die Nähe von Steinpilzen anzeigen oder verraten. Als solche nennt man den Fliegenpilz, Nr. 26, und den Birken-Röhrling, Nr. 13, ferner den Mehlräsling, Nr. 50, sowie die »Erdgürtel«, also die Champignonarten. Jeder erfahrene Sammler weiß, daß darin mindestens ein Körnchen Wahrheit steckt.

Manche Pilze wachsen eigenartig kreisförmig, so daß ein mehr oder minder großer Ring von Schwämmen entsteht. Dem Volk gab dieses Wachstum Anlaß zu manch abergläubischer Deutung solcher »Hexenringe«. Danach kennzeichnet solch ein Kreis durch besonders üppigen oder aber auch auffallend verminderten Graswuchs im Wachstumsbereich dieser Pilze die nächtlichen Tanz- und Vergnügungsstätten von »Schwammgeistern«, Elfen und Hexen. In der Neuzeit hat es dafür mancherlei wissenschaftliche Deutungsversuche gegeben, von denen noch zu sprechen sein wird.

Pilze in geschichtlicher Schau

Wie der ur- und vorgeschichtliche Mensch bekömmliche Nahrung vom Schädlichen und Giftigen zu unterscheiden gelernt hat, können wir nur ahnen. Und ehe er wußte, was von den Pilzen, denen er allenthalben im Wald und auf den Wiesen begegnete, unschädlich war, was aber tödliches Gift, mögen unzählige blühende Menschenleben den Giftlingen zum Opfer gefallen sein. Davon und von den Anfängen menschlicher Gesittung und Kultur erzählt noch keine Geschichte. Und vorgeschichtliche Zeugnisse über das Verhältnis des Menschen jener Epochen zu den Pilzen sind selten; in steinzeitlichen Pfahlbausiedlungen der Schweiz, Württembergs (Ravensburg) und Österreichs (Mondsee) haben O. Heer (1866), K. Bertsch und E. Hoffmann (1924) Feuerschwämme, die damals schon zum Feuermachen gedient haben mögen, Boviste und Eichenwirrlinge gefunden.
Schon im Altertum, das wir seiner Kulturgipfel wegen das klassische nennen, und bei den Völkern, die unmittelbar davor gelebt haben, einige Jahrtausende vor unserer Zeitrechnung, bei Indern, Ägyptern und Babyloniern, dann bei Griechen und Römern waren neben einigen schon damals begehrten Speisepilzen auch Giftpilze bekannt. Aber erst die klassische Zeit überliefert uns allerlei Namen von Pilzen, *»bolites, agarikon, amanita«*. Der griechische Naturforscher und Meisterschüler des Aristoteles, Theophrastus von Eresos auf Lesbos um 312 oder 320 v. Chr., erwähnt Pilze (*»mykes«*), die Trüffel (? *»hydnon«*), den Bovist *(? »pezis«)* und Mistschwämme. Nikander, um 150 v. Chr., schreibt von Pilzvergiftungen, und der römische Dichter Horatius (geb. 65 v. Chr.) preist in einer seiner Satiren *»pratenses«*, also wohl Champignons als die besten Pilze. Cornelius Celsus, etwa 38 v. Chr., ein ärztlicher Schriftsteller, nennt wunderliche Heilmittel gegen Pilzvergiftung; der griechische Arzt und naturwissenschaftliche Schriftsteller Dioskorides, um 60 n. Chr., beschreibt die Trüffel, lobt sie als Speisepilz und erwähnt Pilzzucht und Giftpilze. Der römische Naturforscher Plinius der Ältere, gestorben im Jahre 79 n. Chr. bei der Erforschung des Vesuvs, widmet den Pilzen in seiner Naturgeschichte bereits ganze Kapitel; er behandelt die Trüffel ausführlich, nennt Kaiserling und Steinpilz als Leckerbissen und erzählt von ihrer Zubereitung, welche die Herren nicht ihren Sklaven überließen, sondern mit teurem Bernsteinbesteck und auf kostbarem Silbergeschirr selber vornahmen; Plinius gedenkt häufiger Todesfälle durch Pilze bei den Familien römischer Konsuln, er kennt Zunderschwamm, Boviste, Lärchenschwämme und andere Baumpilze. Ebenso wählerisch wie in den schönen Künsten war man im alten Rom auch bei den Tafelfreuden; nicht umsonst ist der

Luxus und die verschwenderische Schlemmerei eines Lucullus sprichwörtlich geworden. Da mochte es denn nicht allzu selten auch zu tödlichen Pilzvergiftungen kommen, denen teils tragische Unglücksfälle, teils verbrecherische Tücke zugrunde lagen. So soll schon der athenische tragische Dichter Euripides (etwa 481–406 v. Chr.) durch ein Pilzgericht an einem Tage Frau, Tochter und zwei Söhne verloren haben (unverbürgt).

Nach dem Berichte des Plinius wurde der römische Kaiser Claudius von seiner Gattin Agrippina, der berüchtigten Mutter des Kaisers Nero, im Jahre 54 n. Chr. durch ein Pilzgericht vergiftet, um diesen Sohn auf den Thron zu bringen. Das bezeugen auch schon Suetonius (Claudius 44) und Dio Cassius (LX/34) sowie Juvenalis (47–127 n. Chr.) in seinen Satiren V/145–149 und VI/620–624. Römische Tafelsitten schildert Juvenalis in den Satiren V/114–119, VI/118, X/330 und XIV/6–10. Neros Gardepräfekt Serenus, ein Freund Senecas, des Philosophen und Erziehers dieses kaiserlichen Musterzöglings, verlor etwas später mit mehreren anderen Offizieren der Leibwache ebenfalls durch Pilze sein Leben. Plinius berichtet auch von Pilzen als Heilmittel bei verschiedenen Krankheiten. Der römische Epigrammendichter Martial (gest. 103 n. Chr.) preist in uns erhaltenen Spottgedichten gegen seine ebenso schlemmerischen wie geizigen Gastgeber die Kaiserlinge und schimpft über ihm angebotene Saupilze.

Der Geschichtsschreiber der Kaiserzeit Suetonius (75 bis 160 n. Chr.) berichtet von der Freigebigkeit des Tiberius gegenüber dem Dichter Sabinus für ein Preisgedicht in Fabelform zu Ehren des Kaiserlings. Der berühmte Arzt Galenos (geb. 131 n. Chr., gest. zu Anfang des 3. Jahrhunderts) rühmt Kaiserling und Champignon als die besten Pilze und empfiehlt Hühnermist als probat gegen Pilzvergiftungen. (Sollten wir es bei dem weltberühmten Arzt und Polyhistor etwa mit einer Vorahnung der allermodernsten Heilweisen mit Hilfe von Schimmel- und Strahlenpilzen, also einer mikroskopischen Dreckflora, zu tun haben?) Paracelsus (gest. 1541) hat viel später, wohl ebenfalls nach uralter Volksüberlieferung und auch aus gutem Grunde, nicht wenig Ähnliches verordnet. Athenäus, ein griechischer Sophist und Grammatiker um 228, kennt das Trocknen des Champignons und schreibt über Pilzzucht fast im modernen Sinne; aber noch ausführlicher ist Cassianus Bassius aus Bithynien, der auf Befehl des byzantinischen Kaisers Konstantin VII. Porphyrogennetos zu Beginn des 10. Jahrhunderts ein enzyklopädisches Sammelwerk – die 20 Bücher der »Geoponika« – mit Auszügen aus zahlreichen Werken antiker landwirtschaftlicher Schriftsteller herausgibt und eine Pilzzucht beschreibt, die wirklich an moderne Versuche mit Pilzkulturen auf Baumstrünken und -ästen erinnert.

Soweit uns bis heute bekannt ist, hat das Mittelalter die naturwissenschaftlichen Kenntnisse und damit auch die Pilzkenntnisse des Altertums kaum um ein Merkliches erweitert. Eigene Betrachtungsweise wird überall selten, bedingungsloser Glaube an alles Überlieferte selbst außerhalb des Kirchlichen absolut beherrschend. Bischof Thietmar von Merseburg berichtet in seiner Chronik im Jahre 1018 von einer schweren Pilzvergiftung, der sieben Taglöhner zum Opfer fielen. Die heilige Hildegard von Bingen (gest. 1180), die erste Naturforscherin und vielseitige gelehrte Ärztin, bringt in der Pilzkunde noch wenig Neues, und auch dies nur verschwommen und undeutlich. Immerhin kennt sie mehrere Pilze sowohl als Speisepilze wie auch in ihrer Heilwirkung, unter anderen die Hirschtrüffel und einige Baumschwämme, darunter den heutigen Hausschwamm, und zeigt, soweit sie Altes überliefert, dieses in der gewohnten Schau. So meisterhaft Albertus Magnus, der hundert Jahre nach der heiligen Hildegard gestorbene, hochgelehrte Dominikanermönch und Bischof von Regensburg, auf anderen Gebieten ist, so schülerhaft gebunden bleibt er in der Pilzkunde. Immer noch wird dem Dioskorides nachgeschrieben, Wahres und Falsches in bunter Mischung ohne Kritik. Als Arzt gibt Albertus Magnus die erste medizinische Beschreibung einer Pilzvergiftung. In seinem pflanzenkundlichen Werk »De Vegetabilibus libri septem« erwähnt er auch die Pilze, unterscheidet sie deutlich von den übrigen Pflanzen, hat aber noch ganz unklare Begriffe von ihrem Wesen. Er kennt gewisse »kleine rundliche Pilze, die im Frühling erscheinen und im Mai verschwinden«. Ob er damit Egerlinge, Maipilze oder Rundmorcheln gemeint hat, kann mangels irgendwelcher artkennzeichnender Beschreibung niemals mehr ermittelt, der Zeit nach nur vermutet werden. Auch Giftzeichen gibt er an, nämlich klebrige Feuchtigkeit auf dem Hut und Veränderung in der Hand des Sammlers, erwähnt den Fliegenpilz als giftig und kennt auch die Trüffeln sowie ihre Zubereitungsarten. Aber er hält nichts von ihnen oder nur so wenig, als von den Pilzen überhaupt. Konrad von Megenberg, ein Regensburger Domherr um 1350, der erste deutsch schreibende Naturforscher, bezeichnet die eben erwähnten Frühlingspilze des Albertus näher als Morcheln (Morachi), was wohl richtig ist. Aber daß man unter dem »Boletus« der Alten jemals unseren Pfifferling verstehen könnte, scheint verschroben und ebenso wunderlich wie Meister Konrads Warnung vor ihm; schlecht verdaulich ist der Pfifferling freilich, wenigstens in der üblichen Zubereitung. Ob er gar mit Met, dem bis 17 Prozent Alkohol enthaltenden Honigwein der Alten, zusammen genossen tödlich wirken kann, und zwar augenblicklich, wie Konrad von Megenberg versichert, das mag ein Chemiker herausbringen. Daß der Regensburger Domherr den Pilzen insgesamt nichts Gutes

zutraut, erhellt aus seinen Schlußworten, in denen er den spöttischen Rat gibt, die durchaus ungesunden Pilze gut zuzurichten, dann aber zum Fenster hinauszuwerfen, und abschließend hinzusetzt: »Hüte dich vor allen!« Ganz nach römischem Rezept kannte er als Heilmittel oder Verhütungsmittel gegen Pilzvergiftung die Beigabe von Birnen. Ob wohl der Megenberger schon das »Schlesische Himmelreich« gekannt und sich den Magen daran verdorben hat? Oder stammt etwa die Zusammensetzung dieser Leibspeise der Schlesier schon von den Römern? Selbst vielen Schlesiern ist heute nicht mehr bekannt, daß zum richtigen »Schlesischen Himmelreich« außer Backobst, Essig, Räucherfleisch, Einbrenne und Kartoffelklößen vor allem getrocknete Steinpilze, einige Stunden eingeweicht und dann dem Backobst beigefügt, gehören. Hauptlehrer Seidel aus Lugknitz hat diesem köstlichen und nahrhaften Pilzgericht im »Pilz- und Kräuterfreund«, 1. Jahrgang (1918), S. 88, eine liebevolle Studie gewidmet.
Das Mittelalter – soweit es Naturforschung und Pilzkunde betrifft – endet, kaum noch in der Form, aber schon entschieden in der Tat, mit den »Vätern der Botanik«, den Verfassern der großartigen Kräuterbücher des 16. Jahrhunderts, mit Bock, Matthiolus und Clusius. Diese Forscher stehen der Neuzeit schon sehr nahe, zeigen selbständige Beobachtung und beginnen ernsthaft zu probieren und zu experimentieren.
Von geschichtlichen Persönlichkeiten starben an Pilzvergiftung: um 480 v. Chr. in Indien der Religionsstifter Siddhârtha Gotama Buddha, 313 n. Chr. der Kaiser Diokletianus (unverbürgt), 1534 Papst Klemens VII., am 20. Oktober 1740 Kaiser Karl VII. An einem Pilzgericht starben auch Jean Schobert, der Förderer Mozarts, seine Frau, sein Kind und drei Freunde (Kalkreuth).

Die Wissenschaft von den Pilzen

Herkunft, Alter und Zahl der Pilze

Das, was wir gemeinhin Pilze nennen, ist nicht die eigentliche Pilzpflanze. Sie führt ihr bleiches Dasein für das Auge kaum oder gar nicht sichtbar; erst das Mikroskop hat ihre Lebensgeheimnisse enträtselt. Schon ein genaueres Wissen von den Großpilzen ist heute nicht möglich ohne die Kenntnis ihrer Anatomie, das heißt ihres Baues schon von der ersten Keimzelle an bis zu den verwickelten Gebilden der großen Pilzkörper. Alle Versuche, diese in folgerichtiger Ordnung aneinanderzureihen oder natürlich zu klassifizieren, bauen deshalb auf dieser Grundlage auf.

Die Pilzkunde oder *Mykologie* ist ein Teilgebiet der umfassenden botanischen Wissenschaft. Der Vater der wissenschaftlichen Botanik im heutigen Sinne, der große Schwede Carl Linné, gliederte das Pflanzenreich nach einem kunstvollen System (1735) in zwei große Abteilungen. Pflanzen mit offen sichtbaren Fortpflanzungsorganen nannte er *Blütenpflanzen* oder *Phanerogamen*, alle Gewächse mit undeutlich erkennbaren Geschlechtsmerkmalen *Sporenpflanzen* (*Kryptogamen*, das heißt Verborgenblütige). Heute gliedert man das Pflanzenreich nach einem natürlichen System in vier Hauptgruppen:

1. Thallophyta, Lagerpflanzen,
2. Bryophyta, Moospflanzen,
3. Pteridophyta, Farnpflanzen,
4. Spermatophyta, Samenpflanzen.

Diese vier Gruppen ordnet man wohl auch noch in Hauptabteilungen, jetzt aber nach der Art ihrer *Keime*, in Sporenpflanzen (Kryptogamen) und Samenpflanzen (Phanerogamen).

Das Wesen der Pilze mit kurzen Worten zu umschreiben ist sehr schwierig. Was die Wissenschaft dennoch so knapp formuliert, kann erst in der Folge verständlich gemacht werden durch eine Darstellung der Grundzüge von ihrem Bau und Leben: Echte Pilze *(Fungi, Mycetes)* heißen die mit Zellkernen ausgestatteten blattgrünlosen (chlorophyllfreien) Lagerpflanzen (Thallophyten), die zur unselbständigen Lebensweise übergegangen sind; nicht zu ihnen rechnet man die Spaltpilze (Bakterien) und die Schleimpilze (Myxomyzeten). Nur bei der einfachsten Ordnung, den Archimyzeten oder Urpilzen, ist der Pilzkörper nackt. Sonst sind die Zellen von einem wasserhellen – die Wissenschaft sagt hyalinen – Häutchen, der Membran, umgeben. Die Zellwände der höheren Pilze bestehen aus *Chitin*, einem Stoffe, der sonst nur in der Tierwelt, als Körperhülle von Insekten, Spinnen und ähnlichen Tieren vorkommt. Echter Zellstoff (Zellulose), wie er sonst die Pflanzen auszeichnet, ist in den Pilzen nicht vorhanden. Ihr Zellinhalt ist, wie bei allen Lebewesen, der den Pflanzen und Tieren gemeinsame geheimnisvolle Lebensstoff, das Protoplasma, nebst Fett und Glykogen, einer tierischen Stärke, als Reservestoffen; das die Pflanzen sonst kennzeichnende Blattgrün, das Chlorophyll, fehlt allen Pilzen, jedoch besitzen sie viele Farbstoffe, darunter auch grüne, sowie Harze, Mineral- und Duftstoffe aller Art.

Das Reich der Pilze ist eine Gruppe von Lebewesen sehr verschiedener Herkunft. Fossile Pilze, solche also aus früheren Erdzeitaltern, sind (nach Mägdefrau) wegen ihrer raschen Verweslichkeit nur unter besonders günstigen Bedingungen erhalten geblieben, die frühesten aus dem Mitteldevon, also dem mittleren Erdaltertum vor mehr als 300 Millionen Jahren. Als Bewohner des Humus, als sogenannte Saprophyten und als Schmarotzer (Parasiten) waren sie natürlich vom Vorhandensein von Landpflanzen abhängig, denn gedeihen konnten sie, ohne das Blattgrün, nur von anderen Lebewesen oder deren abgestorbenen Resten. Ihre Stammesgeschichte kann daher wohl nur aus den heutigen Formen erschlossen werden. Wahrscheinlich sind die Pilze aus Wasseralgen, Geißelpflanzen (Flagellaten) und Schlauchalgen (Siphonales) entstanden, die nach allmählichem Verlust des Blattgrüns ihre Fähigkeit zur selbständigen Lebensweise verloren hatten. Wegen dieser veränderten Lebensbedingungen zweigten sie sich von ihren Ahnen ab und mußten in der Folge, dem Landleben angepaßt, andere Wege gehen. Die Geschlechtsorgane wurden zurückgebildet, der Befruchtungsvorgang zeitlich und räumlich in Empfängnis (Plasmogamie, Kernannäherung) und Kernverschmelzung (Karyogamie) aufgespalten und die Weiterentwicklung der Pilze zu dem eingeleitet, was wir heute gemeinhin als Pilze verstehen.

Die Gesamtzahl aller heute bekannten Pilzarten beträgt etwa 100 000. Sie wohnen unter allen geographischen Breitegraden und Klimabedingungen, vom Äquator bis zu den beiden Polen. Was wir davon als Pilze sammeln, gehört meist zu den ansehnlicheren Hut- und Bauchpilzen, also schon zu den leichter zählbaren Riesen des Pilzreiches. Auch das ist immerhin noch ein ganz stattliches Heer, davon in Deutschland allein etwa 2500 Arten. Bemüht man sich, auch nur diese zuverlässig zu erkennen, so wird man recht bescheiden. Denn selbst ein verhältnismäßig langes Menschenleben reicht dazu schon nimmer aus. Kein Mensch kann alle Pilze kennen! Und das gilt selbst für den erfahrensten Pilzkenner.

Das Myzel

Bei jedem Spaziergang auf der Frühlingsflur, der sommerlichen Wiese und besonders im herbstlichen Wald begegnet uns eine mit der Jahreszeit fortschreitende Fülle verschiedenster Pilzfruchtkörper. Die eigentliche Pilzpflanze lebt *unterirdisch;* nur ihre Fortpflanzungsorgane sendet sie herauf und entwickelt sie droben an Licht und Luft. Graben wir einem Pilz im Waldboden behutsam nach, so finden wir ein weitflächig hinstreichendes feines Geflecht von weißlichen, langgestreckten, röhrigen Zellfäden mit Spitzenwachstum. Es sieht feinen *Wurzeln* ähnlich, ist jedoch die ganze Lagerpflanze selbst. Sie lebt im Boden, auf Verwesungsresten von Pflanzen und Tieren, an deren Aufarbeitung und Vorbereitung für neues Leben sie wesentlichen Anteil hat, wobei sie mit unzähligen Bodenalgen und winzigen Tieren zusammenwirkt (s. Abb. 1).

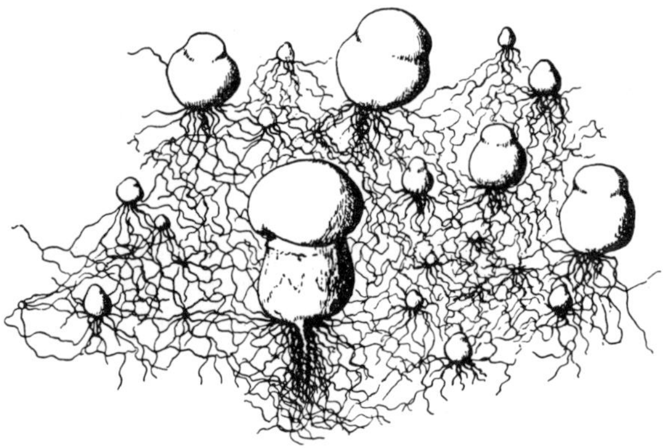

Abb. 1 Myzel mit Fruchtkörperanlagen und jungen Pilzen

Wir sagten schon, daß die grünen Pflanzen in bestimmten Farbstoffträgern, den Chromatophoren, einen Farbstoff von geheimnisvoller Beschaffenheit besitzen, das *Chlorophyll* oder *Blattgrün*, ein winziges Laboratorium von ungeheurer Mächtigkeit, durch das sie sich *selbständig (autotroph) ernähren* können, indem sie mit Hilfe der Lichtenergie aus Luft und Wasser Kohlensäure aufnehmen und daraus, also aus Totem, aus Nichtorganischem, die Lebensbaustoffe für ihre vielgegliederten Organe bilden können. Die Pilze hingegen besitzen keine solchen Farbstoffträger und sind auf *unselbständige (heterotrophe) Ernährungsweise* angewiesen. Stets haben sie deshalb vorgebildete Substanz nötig, besiedeln daher alles Gefallene und bauen es ab, indem sie es ihrem Organismus einverleiben. Diese Veranlasser der Verwesung, diese Verzehrer und Verwerter aller Fäulnis nennen wir *Saprophyten.* Neben und mit ihnen leben in Unzahl und in ähnlichen Formen allerkleinste, meist nur mikroskopisch erkennbare Pilze, die man *Parasiten* oder *Schmarotzer* nennt, weil sie sich nicht von Totem, sondern von lebenden Pflanzen und sogar von lebenden Tieren ernähren. Sie sind wegen ihrer Winzigkeit noch gar nicht lange bekannt und oft als Krankheitserreger bei Pflanzen und Tieren gefürchtet. Höhere Pilze können sowohl saprophytisch als auch parasitisch leben.

Allen Pilzen gemeinsam sind die fadenförmigen einzelligen oder mehrzelligen (septierten) *Pilzfäden* oder *Hyphen*, deren Gesamtheit *Myzel* (Myzelium) genannt wird. Das Myzel ist das *Ernährungs-* und *Fortpflanzungsorgan* der Fruchtkörper, die wir Pilze nennen. Das Myzel wird deshalb auch Pilzlager genannt, weil es dem Fruchtkörper Unterlage, Halt und Nahrung gibt. Die dünnen, farblosen, zylindrischen Fäden sind das anfangs allein sich entwickelnde Organ des Pilzes zur Nahrungsaufnahme. Deshalb befindet es sich immer auf oder in seinem *Nährboden,* im *Substrat.* Von dort wächst es peripher, das heißt (außen rundum) nach allen Seiten weiter; die am Rande befindlichen Pilzfäden verlängern und verzweigen sich mit Spitzenwachstum und durchwuchern nährstoffreiche Substrate, beispielsweise den Waldboden, nach allen Richtungen, so daß sie mit riesiger *Oberflächenerweiterung* die für sie brauchbaren organischen Nährstoffe aufnehmen können. Die Schmarotzerpilze *(Parasiten)*, die nur auf *lebenden* Pflanzen wachsen, entsenden kurze Auswüchse ihrer Fäden, *Haustorien* oder *Saugfortsätze* genannt, als Haftorgane zur Anheftung an die lebenden Zellen ihrer Wirtspflanze; alsdann sind sie *Epiphyten*, die *auf* der Wirtspflanze hausen. Oder sie dringen tiefer in das Wirtsgewebe ein, indem sie mit ihren Fäden sich interzellulär, also zwischen den Zellen, ausbreiten; dann heißen sie *Endophyten*, weil sie *innerhalb* des von ihnen befallenen Lebewesens wuchern.

Wenn die Hyphen zu größeren Verbänden zusammentreten, verflechten sie sich und verwachsen zu mehr oder weniger dichten Geweben, die man Plektenchym nennt. Sind die aufbauenden Einzelhyphen in diesem Geflecht noch erkennbar, so nennt man ihre Bauart prosoplektenchymatisch oder prosenchymatisch (jedoch braucht sich der Pilzfreund aus Liebhaberei solche Wortungeheuer nicht zu merken!); sind ihre Einzelhyphen jedoch zu einem lückenlosen, dichten Gewebe zusammengeschlossen, dessen Bauelemente nicht mehr zu erkennen sind, so ähneln sie sehr dem echten Gewebe der höheren Pflanzen, und ihr Gewebe heißt *Paraplektenchym* oder *Pseudoparenchym.*

Umfang und *Lebensdauer* der Myzelien oder Pilzlager sind außerordentlich verschieden. Neben kurzlebigen und winzigen Formen, die sich mit einem Kiefernzapfen, einem Laubblatt oder gar einer alten Fichtennadel begnügen, gibt es solche, die sich viele Quadratmeter weit im Wald- und Wiesenboden ausbreiten oder hohe Baumstämme durchwuchern und Jahre, wenn nicht Jahrhunderte weiterzuwachsen vermögen. Manche können unter Wasser, ja sogar unter Tag im Dunkel und Luftmangel von Kellern und Bergwerken fortkommen. Zuweilen vereinigen sich viele nebeneinanderliegende Myzelfäden zu ausgebreiteten *Myzelhäuten* oder dicken *Fasersträngen.* Viele Bauchpilze, Kernpilze und Porlinge, auch der berüchtigte Hausschwamm, ja sogar einige Blätterpilze wie der Hallimasch leben in solchen Myzelformen im Erdboden, auf der Unterseite verwesenden Fallaubes und unter der Rinde oder auf den Wurzeln abgestorbener oder kranker Bäume. Sie werden *Rhizomorphen* – das heißt Wurzelartige – genannt wegen ihrer auffallenden, auch anatomisch bestätigten Ähnlichkeit mit Wurzeln von Samenpflanzen und bilden meterlange, walzenförmige bis bandartig flache Stränge mit derber, dunkelbrauner pseudoparenchymatischer Rinde und weißem Mark. Es sind dies unfruchtbare (sterile) *Ruhezustände* des Myzels, die jahrelang unschädlich bleiben, bei geeigneten Bedingungen aber jederzeit auskeimen und ihre zerstörende Tätigkeit wieder aufnehmen können. Solche langlebige oder Dauermyzelien sind auch die kurzen und dicken, sehr verbreiteten *Sklerotien,* hornartig harte, knollige und nährstoffreiche Myzelgewebe. Auch an ihnen sieht man eine dunkler gefärbte Rinde und eine hellere Markschicht. Sklerotien finden sich bei vielen Porlingen, Blättlingen, Rüblingen, Tintlingen, Nabelingen, Korallenpilzen und anderen. Kleinere, oft zahlreich angelegte Sklerotien werden *Bulbillen* oder *Gemmen* genannt. Ein solches Sklerotium ist auch das Mutterkorn *(Claviceps purpurea).* Riesengroße, oft mehr als zentnerschwere Dauermyzelien sind die italienischen »Schwammsteine« *(Polyporus tuberaster Jacquin).*

Oft verbinden sich die Pilzfäden der Myzelien unserer Waldpilze mit den Wurzeln höherer Pflanzen in einer Weise, die zunächst an Schmarotzertum erinnert; die Forschung hat jedoch zeigen können, daß dieses Beieinander von Wurzel und Pilz oft das genaue Gegenteil ist: ein freundschaftliches, nicht nur duldendes Verhältnis zwischen hohen und niederen Pflanzen. Dabei umspinnen die Pilzfäden die Wurzeln der Bäume nicht nur an den Wachstumsspitzen und hüllen sie ein, sondern dringen öfters sogar in sie hinein, so daß sich die Säfte von Baum und Pilz miteinander vermischen. Dadurch nützen sie sich wechselseitig und können sogar voneinander auf Gedeih und Verderb abhängig werden, die kleinen von den großen und die langlebigsten Pflanzengeschlechter von den vielleicht kurzlebigsten. Solche freundschaftlichen Formen des Zusammenlebens und -wohnens zwischen Wesen unterschiedlicher Art nennt man *Symbiose*, was nichts anderes bedeutet als »Zusammenleben«. Die Symbiose von Baum oder Kraut mit einem Pilz heißt *Mykorrhiza*, »Pilzwurzel«, und die daran beteiligten Pilzgeflechte nennt man Wurzel- oder Mykorrhizapilze. Die Forschung unterscheidet mehrere Formen, *ektotrophe, endotrophe* und *peritrophe Mykorrhiza*, und hat eine sehr weite Verbreitung dieser abhängigen Lebensweise namentlich für die wichtigsten *Waldbäume* nachgewiesen. »*Baumassimilate* in veränderter Form« nennt der Botaniker Burgeff unsere wichtigsten Speisepilze. Während der Forstmann die Pilze früher wohl ausschließlich für Schmarotzer und Feinde seiner Schützlinge hielt, sieht er heute in ihrem friedlichen Zusammenleben auf seinen Waldböden ein notwendiges und dem Wachstum der Bäume höchst *förderliches* Wirken der Natur. »Keimlinge auf sterilen Nährböden wachsen nicht«, weiß die Wissenschaft (Harder, Moser). Und umgekehrt weiß jeder Pilzfreund nach einiger Erfahrung, daß er seine Lieblinge nur oder wenigstens vorzugsweise unter bestimmten Waldbäumen, mindestens aber in deren Wurzelreichweite finden wird. »Ohne Pilze kein Wald, ohne Wald keine Pilze« (Eckard). Und die herrlich bunten Orchideen der Tropen-Urwälder konnte man im Treibhaus erst ziehen, als man die Bedeutung ihrer Wurzelpilze kennengelernt hatte.

In *Symbiose* leben auch gewisse Pilze mit blattgrünführenden Lagerpflanzen zusammen, mit *Algen*. Diese Lebensgemeinschaft von Alge und Pilz ist aber deshalb so interessant, weil daraus etwas entstanden ist, was auf den ersten Blick und für den unbefangenen Beobachter ein eigenes Pflanzengeschlecht zu sein scheint – das weltweite Reich der Flechten *(Lichenes)*, jener krustenförmigen, strauchartigen oder laubähnlichen, zierlichen und oft farbenprächtigen Gebilde an Bäumen und Felsen oder auf dem Erdboden. Eine solche Flechte ist mehr als ein gewöhnliches Pflanzenwesen; sie ist gleichsam eine »Überpflanze«, denn in ihr sind Pilzfäden und Algenzellen nach Lebensweise und Gestalt zu einer so vollkommenen Einheit geworden und entwickeln einen so unendlichen Formenreichtum, daß man die Flechten lange Zeit für ein eigenes Naturreich gehalten hat. In dieser Lebensgemeinschaft sorgt die Alge mit ihrem Blattgrün für organische Nahrung, der Pilz für die Zufuhr von Wasser, Stickstoffverbindungen und Mineralsalzen; wahrscheinlich liefert er auch bestimmte Wirk- und Wuchsstoffe. Die Kenntnis der mannigfaltigen Flechtenformen, die Lichenologie, bildet ein umfangreiches Teilgebiet der weitläufigen Kryptogamenkunde und erfordert außer botanischem Wissen ein eigenes Spezialstudium.

Die Erforschung der Lebensgeheimnisse des Pilzmyzels hat schließlich auch das Rätsel der *Hexenringe* gelöst, jener oft riesigen Kreise von Schwämmen. Zunächst meinte Michael mit anderen Beobachtern aus landwirtschaftlichen Berufen eine Ursache für solche Hexenringe darin gefunden zu haben, daß angepflocktes Weidevieh beim Herumlaufen im Kreise durch seine Entleerungen Graswuchs und Pilzgedeihen beeinflusse. Das Phänomen wurde jedoch auch dort beobachtet, wo niemals Weidevieh hinkommen konnte, oder es blieb aus, wo regelmäßig beweidet wurde. Schließlich haben Kinzel und andere Pilzforscher erkannt und im Laufe der Mykorrhiza-Forschungen die Gewißheit erlangt, daß das Pilzmyzel auf geeignetem Boden gleichmäßig von einem Punkt aus nach allen Seiten wächst und nur an der Peripherie, am äußeren Ende des Kreises, seine Fruchtkörper ausbildet, die dann als Hexenring erscheinen. Infolge Spitzenwachstums des Myzels unter Absterben der älteren Teile erweitert sich der Ring von Jahr zu Jahr. Gleichzeitig zeigen auffallende Wachstums- oder auch Kahlstellen an, daß einerseits ein Anreiz zu stärkerem Wachstum, andererseits ein völliges Absterben des Pflanzenwuchses bewirkt wird. Der französische Forscher Charles Hollande entdeckte bei der Beobachtung, daß innerhalb solcher Zauberkreise das Gras zwar abgestorben, nicht aber, wie anderswo, in Fäulnis und Verwesung übergegangen war, die keimtötenden Eigenschaften der den Hexenring bildenden Pilze, besonders von Riesentrichterlingen, *Clitocybe*-Arten. Denn Fäulnis und Verwesung ist stets das Werk winzigsten Lebens, vor allem von Bakterien. Wenn innerhalb des Hexenrings aber das tote Gras nicht verwest, so mußte der darunter hausende Pilz Wirkstoffe abgegeben haben, von denen die Bakterien der Fäulnis gehemmt oder getötet worden waren. Es gelang, diesen Wirkstoff darzustellen. Er hat ähnliche bakterienhemmende Eigenschaften wie das berühmte Penicillin, von dem noch zu reden sein wird, weil es ebenfalls aus Pilzen hergestellt wird. Das Clitocybin hat man in der Bekämpfung der Tuberkulose-Bazillen nutzbar zu machen versucht.

Der Fruchtkörper

Wenn die Hyphen, die Fäden des Pilzmyzels, sich immer wieder und wieder geteilt, weiterverzweigt und als Kern ein dichteres Körpergeflecht gebildet haben, nämlich das Pilzfleisch oder die *Trama,* im weiteren Sinn aus Grundhyphen, Bildungshyphen und Safthyphen, dann wachsen sie parallel nach oben, durchbrechen schließlich das Substrat, in dem das Myzel gewuchert hat, oder den Erdboden und breiten sich garben- oder springbrunnenförmig auseinander (s. Abb. 2).

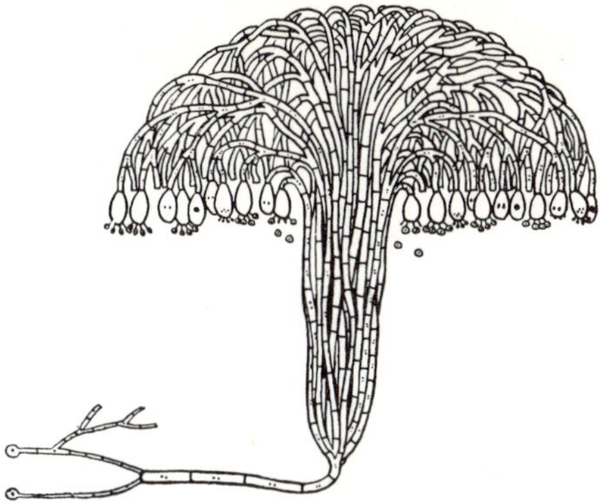

Abb. 2 Fruchtkörperentwicklung der Hutpilze (nach Lohwag)

Jetzt entfalten sich Stiel und Hut des künftigen Fruchtkörpers und es entstehen die wohlbekannten Pilzgestalten. Ihre Aufgabe ist es, für die Fortpflanzung und Verbreitung des Pilzes zu sorgen. Denn sie sind die Träger der Fortpflanzungszellen, der Sporen. An artgemäß bestimmten Teilen von ihnen, bei den Hutpilzen zum Beispiel an der Hutunterseite, bildet sich ein Fruchtträger *(Hymenophor)*, von dem in bestimmter, bei den Hutpilzen gewöhnlich strahlenförmiger Anordnung Lamellen, Röhren oder ähnliches abgegliedert werden. Die Hauptbestandteile des Hymenophors sind eine von Tramahyphen aufgebaute Innenlage (der Einschlag, die Lamellen- oder Röhrentrama), außerdem die beiderseits anschließenden Verzweigungszonen der Hymenialbüschel (Subhymenien) und schließlich die Fruchtschichten oder *Hymenien;* auf diesen Fruchtschichten besetzt ein Heer von unzähligen Fruchtständern (Basidien) oder Schläuchen (Asci) in palisadenförmiger Aufstellung dicht alle die vielfachen Oberflächen von Gruben und Falten, Lamellen und Röhren oder Stoppeln und füllt sie aus. Dazwischen sitzen *Zwischenfäden* oder *Saftfäden (Paraphysen)*, auch *Füll-* oder *Stützfäden* genannt, und größere einzellige Schläuche mit besonderen Aufgaben, die *Zystiden.*

Die wesentlichen *Bedingungen für die Fruchtkörperbildung*, außer denen von Licht, Luft, Wasser und Wärme, sind bis heute noch ungenügend bekannt. Darum gelingt die *Kultur der Pilze* unter natürlichen Bedingungen noch so selten und unter den künstlichen Bedingungen des Laboratoriums meist nur bis zum Myzel ohne die Möglichkeit der Fruchtkörperbildung. Die Erfahrung lehrt, daß austrocknender Wind, scharfer Frost, stagnierende Nässe und dauernde Dürre gleicherweise das Pilzwachstum behindern oder nachhaltig stören können. Sind aber Klima und örtliche Witterung günstig und fehlt es hauptsächlich weder an *Luftfeuchtigkeit* noch an *Bodenwärme*, so kann das schimmeliglockere, weichwattige Myzel auf nährstoffreicher Grundlage, etwa in gutem Waldboden, erstaunlich schnell sich üppig entwickeln, seine Fäden vielfach verflechten und den Überschuß an Nährstoffen zur Bildung von dichteren Gewebeverbänden und schließlich von *Fruchtkörperanlagen* gebrauchen. Solche Fruchtkörperanlagen zeigen sich unter dem Mikroskop zuerst als winzige *Hyphenknäuel* oder *Knötchen*, sind aber schon bald mit freiem Auge als anfänglich stecknadelkopfgroße, rundliche Knöllchen (s. Abb. 1) erkennbar, an denen sich schon deutlich *Hut* und *Stiel* unterscheiden lassen. Bereits in diesem Frühstadium des Fruchtkörpers bildet sich an seiner ganzen Oberfläche eine Rindenschicht von dickwandigen Hyphen, die *hautbildende* oder *blematogene Schicht*. In Querschnitten unterscheidet sie sich von anderem Gewebe durch dickere Hyphenwände, lockere Verflechtung und stärkere Färbbarkeit. Sie bildet die verschiedenartigen *Hüllen* von häutiger oder gallertiger Beschaffenheit bis zu den Schleimschleiern. Diese *Hüllen* sind nur vorübergehend nötig; sie werden bald überflüssig und sogar hinderlich, sind deshalb oft rasch vergänglich und schon wenig später gar nicht mehr oder nur noch in *Überresten* aufzufinden, so daß ihr allgemeines, wenn auch vorübergehendes Vorhandensein schließlich nur in *anatomischen und entwicklungsgeschichtlichen Untersuchungen* nachgewiesen werden kann. Manchmal sind sie so auffallend, daß auch der aufmerksame Pilzfreund nach ihrer Herkunft und Bedeutung zu fragen pflegt.

Die *Hüllen und Ringgebilde der Fruchtkörper* bei den Hutpilzen, also Scheide, Ring, Manschette, Schleier und Randschleier, sind auch als *»Anhangsgebilde«* bezeichnet und oft nur für Stielgebilde gehalten worden. Einige Pilze haben sogar eine *mehrfache Hülle*. Alle diese Organe können nur entwicklungsgeschichtlich, das heißt aus ihrer *Entstehungsweise*, verstanden werden. Schon innerhalb der ersten Fruchtkörperanlage, einem Hyphenknäuel mit starker Verzweigung, bildet sich als dichterer Kern der eigentliche Fruchtkörper, und es hebt sich eine lockere Außenzone ab, die als *Volva*, hier genauer als *primäre Peridie* bezeichnet wird. Bei den Blätterpilzen ist indessen eine primäre Peridie, wie sie die Bauchpilze umhüllt, nicht mehr vorhanden, sondern es sind nur noch *Teilhüllen* zu finden, die sich miteinander verbinden. Da die Hyphen der Volva stets dem Teil entspringen, den sie umhüllen, dürfte man bei den Hutpilzen eigentlich nur von einer Hutvolva, Stielvolva und so fort sprechen. Durch ihre *Verwachsungen* miteinander erwecken sie jedoch den täuschenden Augenschein einer ursprünglichen Gesamtumhüllung gleich dem »Hexenei« der Stinkmorchel, Nr. 108. Üblicherweise nennt man sie daher als augenscheinliche Gesamthülle *»Velum universale«* und als innere Teilhülle *»Velum partiale«*. Aus praktischen Gründen behalten wir diese gebräuchlichen Bezeichnungen, kritisch verstanden, bei. Am auffälligsten ist immer die ähnlich einer Eierschale den Pilz in früher Jugend mehr oder weniger sackartig einschließende *äußere Hüllhaut* – das Exoperidium, die äußere Peridie oder das Velum universale –; sie ist ein weit verbreitetes Organ, das für länger oder immer unterirdisch lebende Pilze wichtig und notwendig ist, jedoch als echte primäre Peridie in der späteren Entwicklung nur noch den Bauchpilzen eignet. Lohwag zufolge ist die *Volva* ein Zeichen und Erbstück der unterirdischen Lebensweise. Sie behindert zeitweilig das Ausbreiten des Hutes und bringt die von der Hutunterseite gegen den Stiel vorwachsenden Hymenophore, also die Lamellen, Röhren oder Stoppeln, früher oder später mit dem Stielmantelgeflecht in Berührung, so daß die auswachsenden Elemente des Hutgewebes, die Trama-Hyphen und Hutrand-Hyphen, mit diesem *verwachsen* und ein festeres Gewebe bilden können. Das *Auswachsen* dieser Hyphen bei Berührung mit anderen Geweben ist eine häufige Erscheinung; am Längsdurchschnitt etwa durch einen jungen Fliegenpilz, kann man es schon mit der Lupe sehen. Bei der Streckung des Stieles und dem Aufschirmen des Hutes wird das Velum in artkennzeichnender Weise *zerrissen.* Wenn es die Sporenverbreitung nicht behindern soll, muß es zur Zeit der Sporenreife verschwinden. Seine Überreste bleiben meist am Stielgrunde als *Scheide* und bei mehreren Arten an der Hutoberfläche in Form von *Hutflocken, Warzen* oder *Schuppen* zurück. Sind diese Hutflocken sehr zart und klein, so sind sie dem unbewaffneten Auge höchstens als winzige *Schüppchen*, bisweilen auch nur noch als silberig schimmernder *Reif* erkennbar. Bei völliger Reife verschwinden auch sie.

Die *innere Hülle* – das Endoperidium, die *innere Peridie* oder Hymenialhülle –, das *Velum partiale*, überspannt das Hymenium vom Hutrande bis zum oberen Stielteil. Es entsteht entweder aus dem Hutrandgewebe *(Hutrandvolva)*, und die über die Hutrandscheibe hinausschießenden Hyphen bilden in ihrer Verwachsung mit dem Stielrindengewebe einen *Ring*, oder es entstammt dem Hymenophor *(Hymenophorvolva)*. Hierbei tritt die *Lamellentrama*, also der *Einschlag der Lamellen*, aus den Schneiden heraus und verwächst mit dem Rindengewebe des oberen Stielteiles zu einem ebenfalls ringartigen, mehr oder weniger feinen, luftdurchlässigen Geflecht. Wenn die Hyphen nicht auswachsen, so kommt es zu keiner Ringbildung. Bei manchen Pilzen ist das Velum sehr zart, bei den meisten jedoch so schwach, daß es bei der

Streckung des Stieles und dem Aufschirmen des Hutes in zahlreiche, den Stiel bedeckende, feinste *Flöckchen* zerrissen wird und alsdann nicht mehr als Ring erscheint. Ein solches im zartesten Jugendalter den Stiel bekleidendes feines Geflecht veranlaßt auch die Entstehung der schlangenhautähnlichen Zeichnung auf dem Stiele mancher Hutpilze. *»Genattert«* oder *»gesperbert«* erscheint ein Stiel also dann, wenn er bei der Entfaltung des Pilzes die zarten Bekleidungen zerreißt, die von den Hymenophoren an ihm herablaufen.

Wenn die innere Hülle kräftiger gebaut ist, bleibt sie auch bei der Entfaltung des Hutes erhalten, löst sich aber zur Zeit der Sporenreifung entweder am Hutrand oder am Stiele los. Hebt das Velum partiale sich bloß am *Hutrand* ab, so bleibt es mit dem Stiel in Form eines Kragens fest verbunden. Dieser Kragen sitzt tiefer am Stiel, hat einen aufwärts gerichteten, freien, fetzigen Rand und besteht aus einem fädigen Durchlüftungsgewebe. Er heißt *Annulus inferus* oder kurzum Annulus, Ring oder Mittenring. Wenn das Velum beim Aufschirmen sich nur am *Stiele* loslöst, bleibt es als fetziger *Hutsaum (Velum marginale)* erhalten und verschwindet erst später, wie bei den Saumpilzarten. Wenn es bei einigen Pilzen, zum Beispiel beim Parasolpilz oder Riesenschirmling, sich zuerst am *Stiel* und dann vom Hutrande loslöst, bleibt es als verschiebbarer Ring *(Annulus mobilis)* nach Art eines Serviettenringes am Stiel erhalten. Wenn nun der *Hutrand eingerollt* ist, so entsteht weder ein Ring noch eine Manschette. Ob ein Ring entstehen kann, hängt von der *Krümmung des Hutrandes* und der daraus folgenden Stellung der Hutrandschneide zur Stieloberfläche ab. Bei vollkommener Einkrümmung können die auswachsenden Hutrandhyphen den Stiel nicht erreichen. Dann können aber nach Verschleimung der dünnhyphigen Hutoberhaut die Hyphen der *Hutoberfläche* mit dem Stielrindengewebe in Verbindung treten. Das Velum spannt sich dann als auffällig spinnfädiger Vorhang, als *Cortina*, zwischen Hutrand und Stiel. Beim Aufschirmen zerreißt es, und am Hutrand, am Stiel oder auch an beiden zugleich bleibt ein spinnfädiger, meist *sehr vergänglicher* Überrest, der oft nur noch wahrzunehmen ist, wenn er von den ausgefallenen Sporen lebhaft gefärbt wurde.

Bei einigen Wulstlingen (*Amanita*-Arten) mit anfangs glockigem und geraderandigem Hute bildet die Längsachse der Lamellen mit der Stielachse einen sehr spitzen Winkel. Infolgedessen laufen die Lamellenschneiden dem Stiel parallel. Die freien Enden der Hymenophore berühren sich und *verwachsen* fast in der ganzen Länge *mit der Stielvolva.* Wenn sich der Stiel nun streckt und der Hut aufschirmt, löst sich das Velum bis auf einen schmalen Streifen an dessen Ansatzstelle vom Stiele los und wird mit dem Hut aufgespreizt. Hebt es sich nun allmählich am Hutrand und von den Lamellenschneiden ab, so hängt es als eine nach unten breitere *Halskrause* von der Ansatzstelle der Stielspitze herab. Dieses höhersitzende, andersartige Ringgebilde heißt *Manschette, Annulus superus* oder *Armilla.* Es besteht aus blasigen Gewebselementen und ist ein Durchlüftungsgeflecht. Aus dieser ganz andersartigen Entstehung der Manschette wird verständlich, warum sie *»gerieft«* ist. Beim Abreißen von den Lamellenschneiden ergibt sich in den vertieften Rillen des oberen Stielteiles und der Manschette der Abguß der Hymenialform, das heißt ein Bild von den Linien der Lamellen. Darum erscheinen auch unter der Lupe die *Lamellenschneiden* mancher Pilze flockig. Im Mikroskop zeigt sich, daß sie vom selben Material und aus denselben Hyphenformen zusammengesetzt sind wie das Ringgewebe. Die abgerissenen Hyphenzellen sind Zystiden. Gleichen Ursprunges ist das *Stielnetz* und die *Stielbeschuppung* mancher Röhrlinge. Auch diese sind rudimentäres Hymenial, also Fortsetzungen der Röhrenschicht, gebildet von den in der frühesten Jugend des Pilzes auf dem Stiel herablaufenden *Röhren.* Durch die Streckung des Stieles ist es netzähnlich in die Länge gezogen und wird beim Dickenwachstum des Stieles schließlich zu *Schuppen, Flocken, Stricheln* und *Pünktchen* zerrissen. Das *Velum* (als Hut- oder Stielvolva) kann auch ganz oder teilweise *verquellen,* also durch Wasseraufnahme gallertartig oder sulzig werden, schließlich kann es auch völlig *verschleimen* und eine schleimige Oberhaut, einen *Schleimring* und *Schleimschleier* hinterlassen, die dann bei völliger Reife gänzlich verschwinden, beispielsweise bei *Gomphidius glutinosus,* dem Großen Gelbfuß oder Kuhmaul, Nr. 15.

Zur Bildung der oft großen und schweren, fleischigen und saftreichen *Fruchtkörper,* die sehr raschwüchsig sind und bisweilen in sprichwörtlich kurzer Zeit aus dem Boden »schießen«, erscheint eine vielschichtige *Arbeitsteilung* der am Aufbau beteiligten Gewebe notwendig. Sie ist in der Tat vor allem in einem System von *Leitungssträngen* zu finden, das manchmal annähernd der Organisation bei den hochentwickelten Samenpflanzen entspricht. Solche spezialisierte Hyphensysteme sind namentlich die *Gefäß- und Faserhyphen.* Die *Gefäßhyphen* leiten die Nährstoffe und führen große Wassermengen heran, schwellen zu diesem Zweck stark an, verdicken die Zellwände, lösen hier und dort nach Bedarf Querwände auf, sichern ihre Druckfestigkeit durch Ring- und Spiralverdickungen und leisten in solchen Funktionen ähnliches wie die Siebröhren der Samenpflanzen. Die *Faserhyphen* dienen mehr der mechanischen Festigung und schützen die Leitgefäße mit ihrer dickhäutigen Umhüllung wie ein Mantel. Sie erinnern damit an das Sklerenchym der Blütenpflanzen, ein Zellgewebe aus dickwandigen, engräumigen

Zellen, das sich am häufigsten in den Steinschalen vieler Samen und, langgestreckt, in den Bastfasern findet.

Der *Stiel (Stipes)* zeigt eine Rindenschicht (Corticalschicht), ein Markgeflecht (Medullargeflecht) und als Hauptmasse Körpergeflecht (Stieltrama) mit Grund- und Bildungshyphen sowie Safthyphen. Er hat die *Aufgabe*, den Fruchtträger, das Hymenophor, so hoch über das Substrat, etwa über den Erdboden, zu erheben, daß ein ungehinderter *Sporenausfall* gewährleistet ist. Dieser Bestimmung entspricht seine Gestalt. Beim ganz jungen Pilz ist der Stiel noch sehr kurz und dick, oft beinahe kugelig und auch noch mit der Hutunterseite, dem *Hymenium* (Lamellen, Röhren, Stacheln oder Falten) mehr oder weniger *verwachsen*. Beim weiteren Wachstum streckt er sich in die Höhe, löst seinen Zusammenhang mit dem Hut und seinen »Anhangsgebilden« und erlangt seine artgemäße Länge. Dabei wird er aus der kugeligen Grundform zylindrisch oder walzenförmig, gleichdick oder keulenförmig, bisweilen nach oben verjüngt und am Stielgrund oft knollig verdickt. Er steht meistens in der Hutmitte (zentral), ist aber manchmal seitlich (exzentrisch) angeheftet. Steckt er in hohem Gekräute, Gras oder Moos, wächst er vielhütig-büschelig, zwängt er sich zwischen Steinen oder aus dem Wurzelhals eines Baumes heraus, so streckt er sich länger, als es auf ebenem Boden oder für einen einzelnen Hut nötig wäre. Dann windet und krümmt er sich und sucht das Ungenügende seiner Stellung durch Anpassung auszugleichen. Von außen angesehen, erscheint er glatt oder rauh, bisweilen auch streifig, beschuppt oder seidig, gekörnelt oder mehlig bestäubt. Seiner inneren Beschaffenheit nach ist er fest und voll oder hohl, markig, ausgestopft oder faserig, elastisch oder zäh, weich oder brüchig. Oft zeigt er die Spuren einer unterirdischen Entwicklung noch bis ins Alter als Scheide, Ring, Manschette, Schuppung oder Riefung, Stielnetz, Natterung oder Flocken am Stiel.

Die *Gestalt der Fruchtkörper* ist so mannigfaltig, als man sich irgend denken kann. Am häufigsten ist der *Hut (Pileus)*. Aber der Pilzkörper wiederholt auch viele andere Grundformen der Natur: Er ist kugelig oder sternförmig, geweihähnlich oder strauchartig verzweigt, knollen- oder keulenförmig, rinden- oder krustenartig, kreisel- oder kegelgestaltig, muschel- oder ohrenförmig, zungen- oder leberähnlich, konsolengleich oder lappig, er bildet Becher, Schüsseln oder Scheiben, ist dach- oder schirmförmig, hut- oder mützenähnlich, schließlich gestielt oder ungestielt, exzentrisch, also seitlich, oder zentral gestielt. Zeigt er *Hutformen*, so ist er einhütig (unipil) oder mehrhütig (multipil) oder büschelig und im Einzelhute kugelig oder halbkugelig, glockig oder kegelförmig, gewölbt oder flachgewölbt, polsterförmig oder verflacht, niedergedrückt oder trichterförmig, gebuckelt oder genabelt, wellig verbogen oder eingerollt – eine Fülle von Formen! So ein Hut hat alle möglichen *Oberflächen*, ist matt oder glänzend, glatt oder rauh, warzig, höckerig oder stachelig, faltig oder furchig, runzelig oder aderig, gestreift oder gerieft bis gerippt, manchmal gezont, kahl oder zottig, faserig oder seidenhaarig, filzig oder samtig, schuppig oder flockig. Der *Dichtigkeit* nach kann er hart oder weich sein, fleischig oder zäh, saftig oder trocken, holzig oder häutig, lederig oder gallertig (sulzig), wächsern bis knorpelig oder knochig, fest oder schleimig bis zerfließend. Den Anfänger täuschen häufig abnorme (teratologische) Hutformen. Das sind aber nur standortbedingte, meist morchelloide Bildungsabweichungen (Ulbrich).

Erstaunlich ist auch der *Farbenreichtum der Pilze.* Ihre Buntheit steht der der Blumen wenig nach, und es ist fast unmöglich, all ihre *Farbenschattierungen* exakt zu benennen. Nur der feinsinnigste und gewandteste Maler kann ein einigermaßen zutreffendes Bild solcher Formen- und Farbenfülle wiedergeben. Sie wird aber noch übertroffen von der Vielfältigkeit des Geschmacks der Pilze.

Wessen Gaumen oder Zunge ist derart fein, daß er imstande wäre, alle die zahlreichen Möglichkeiten des Geschmackes, hier im engeren und buchstäblichen Sinne, so zu fühlen und seine Empfindungen andern zu offenbaren, daß er mit *Allgemeingültigkeit* sagen dürfte, das schmeckt *gut* oder *schlecht?* Wer benennt genau die Stufen der *Bitterkeit*, die Arten der *Schärfe?* Die Pilze bieten alles, vom Widerlichsten und Galligsten bis zum höchsten *Wohlgeschmack.* Und wer will etwa gar die *Gerüche* bezeichnen, daß auch *andere* verstehen, was man meint? Was ist noch *Duft* und was ist schon *Gestank?* Sammle nur ein Dutzend Menschen um dich her und frage sie bei dem und jenem Pilz, wonach er *riecht!* Einige Dutzend Vergleiche sind das wenigste, was man zu hören bekommt. Die Pilze können nämlich nach allem Erdenklichen duften und die Nase des Feinschmeckers entzücken, sie können aber auch zum Erbrechen reizen. Für den *Pilzkenner* ist es deshalb gar nicht unwichtig, ob er eine Jagdhundnase oder eine Schmalzlerknolle hat! Denn auch *Geruch und Geschmack* der Pilze sind deutlich *artkennzeichnend* und zum Erkennen oder Wiedererkennen eines Pilzes oftmals unerläßlich. Die Chamäleonnatur der Pilze zeigt sich auch darin, daß ihre *Riechstoffe* von ganz anderer Art sein können, als ihr Eigengeruch. Manche völlig geruchlosen Pilze liefern sehr stark riechende Öle, die vielleicht erst bei der Behandlung mit Wasser oder schwachen Alkalien entstehen, oder sie riechen auf dem einen Nährboden ganz anders als auf dem anderen Substrat.

Ganz und gar *unmöglich* ist es, mit einer noch so genauen *Beschreibung* jemandem eine Vorstellung von dem *Neben- und Nacheinander* der

Pilze, also von ihrem *Formen- und Farbenwandel*, von den *Schwankungen und Unterschieden ihres Geruches und Geschmackes* und damit von der unglaublichen *Veränderlichkeit der Pilze* zu vermitteln. *Selbst* muß einer gesehen und in vielen Jahren immer wieder gesehen haben, wie diese Waldkobolde sich tarnen, so, daß man sie von einem zum anderen Herbst kaum wiedererkennt und immer von neuem erfahren muß, daß man nicht auslernen kann!

Die Sporen

Die Fruchtkörper der Pilze sind natürlich nicht dafür geschaffen, daß wir sie uns mit Behagen schmecken lassen (oder uns an ihnen eine böse Vergiftung zuziehen) – sie haben im Leben der Pilzpflanze eine außerordentlich wichtige Rolle zu spielen: Sie erzeugen die Sporen und sorgen für ihre Verbreitung. Diese Sporen sind artgemäß gestaltete Zellen, die sich von der Mutterpflanze lostrennen und selbständig zu neuen Lebewesen heranwachsen können; sie haben also die gleiche Funktion wie der Samen bei den Phanerogamen, bei den Samenpflanzen. Doch darf man bei solchem Vergleich nie vergessen, daß Sporen hier, Samen dort ganz unterschiedlicher Herkunft sind.

Form, Größe und Farbe der Sporen sind kennzeichnend für die verschiedenen Gattungen und Arten und bei jeder einzelnen Pilzart in reifem Zustand ausreichend konstant, also unveränderlich und festwertig. Alle Sporen sind mikroskopisch klein; sie messen meistens nur wenige tausendstel Millimeter (Mikron, µm). Ihrer *Gestalt* nach können sie länglich oder eiförmig, rund oder eckig bis sternförmig, ihrer Oberfläche nach glatt oder rauh, also punktiert, warzig oder stachelig sein. Viele Sporen zeigen eine bestimmte Skulptur oder erhabene Zeichnung, das sogenannte Sporenrelief oder die Ornamentation. Manchmal sind sie farblos, glasig und wasserhell (hyalin). Dann erscheinen sie in der Masse des Sporenstaubes weiß, öfter aber haben sie eine ganz bestimmte Färbung.

Angesichts der völligen Veränderlichkeit aller übrigen Kennzeichen der lebenden Pilze liefern die Sporen die wichtigsten Merkmale der Pilzarten, und deshalb ist die mikroskopische Sporenuntersuchung für die wissenschaftliche Pilzkenntnis unentbehrlich. Die *Farbe* des Sporenpulvers ist schwarz oder olivgrün, auch braun in sehr vielen Schattierungen, vielfach gelb in allen möglichen Abtönungen, von rostgelb oder rostbraun bis satt- oder hellockergelb, goldgelb oder cremefarbig bis weißlich, zuweilen jedoch auch roströtlich, fleischrot oder schön rosa. Praktisch erkennt man die Sporenfarben oft schon am Standort der

Pilze, wenn etwa bei büschelig oder dachziegelig wachsenden Pilzen die unteren Hüte, bei einzelstehenden Fruchtkörpern der Untergrund oder der Stiel von herabgefallenen Sporen bestäubt sind. Für den Hausgebrauch des Pilzfreundes empfiehlt es sich, die Sporenfarbe zu ermitteln und ein *Sporenpräparat* herzustellen nach dem einfachsten Verfahren, das sich natürlich nach den vorhandenen Möglichkeiten verfeinern läßt: Man schneidet den Stiel dicht unter der Hutfläche ab und legt ihn mit der Fruchtschichtseite (das ist regelmäßig die Hutunterseite) auf weißes Papier. Nach sechs bis acht Stunden, meist über Nacht unter einer Schüssel oder Glasglocke, zeigen die ausgefallenen Sporen auf der Unterlage nicht nur die Sporenfarbe, sondern auch die Anordnung der Lamellen oder Röhren um den Stiel. Da die staubleichten Sporen sich leicht wegblasen oder verwischen lassen, fixiere man das Sporenpräparat, indem man es mit Maler-Fixativ im Zerstäuber nebelartig fein übersprüht oder dazu von vornherein fertig präpariertes Sporenpapier als Unterlage verwendet. Dann lasse man es an der Luft abtrocknen oder erwärme es vorsichtig. Schließlich presse man es leicht zwischen Löschpapier. Jetzt kann man es unbegrenzt lange aufbewahren. Da die fixierten Sporen vielleicht etwas nachdunkeln, lege man in einem Papiertäschchen unfixiertes Sporenmaterial bei. Für rein wissenschaftliche Zwecke, und zwar für solche der Systematik, wichtig ist die *Amyloidität*, das heißt die Eigenschaft von Membranen, hier von Sporen- oder Hyphenhäutchen, sich blau zu färben, und zwar im Verlauf einer sogenannten Amylumreaktion; es ist dies eine der Blaufärbung von Stärke mit Jod sehr nahestehende Erscheinung mit »Melzers Reagens« aus Jod, Jodkali, Wasser und Chloralhydrat (Moser 1951).

Das System der Pilze

Die nach künstlichen oder natürlichen Gesichtspunkten vorgenommene Einteilung der Pilze soll nur auszugsweise dargestellt werden. Die höheren Pilze bilden zwei große Abteilungen: die Schlauchpilze (Askomyzeten) und die Ständerpilze (Basidiomyzeten). *Askomycetes* heißen die *Schlauchpilze*, weil ihre Sporen, die Ascosporen, in kennzeichnender Weise endogen, also innenbürtig, im Ascus entwickelt werden, einem schlauchähnlichen Sporenträger oder Sporangium (s. Abb. 3). Der Ascus kann irgendwo an Zweigen des Myzels entstehen oder an bestimmten Orten in Fruchtkörpern, die aus Pilzfädenflechtgewebe (Plektenchym) bestehen und zusammen mit unfruchtbaren Zwischen- oder Saftfäden (Paraphysen) in palisadenförmiger Anordnung ein Fruchtlager (Hymenium) bilden.

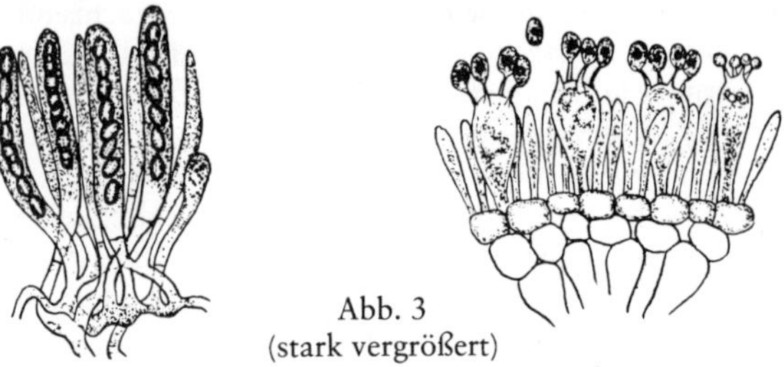

Abb. 3
(stark vergrößert)

a
Asci (Schläuche)
mit Ascosporen

b
Basidien (Ständer)
mit Basidiosporen

Ständerpilze (Basidiomyzetes) heißen jene Pilze, deren Sporen nicht endogen, also nicht in Behältern wie bei den Schlauchpilzen abgeschnürt werden, sondern exogen, das heißt außenbürtig an kennzeichnenden Organen, den Hyphen-Endgliedern, meistens keulenförmigen und einzelligen Ständern oder Basidien (s. Abb. 3). Ihre Sporen heißen Basidiosporen. Diese Ständerpilze sind sehr verschieden ausgebildet, mit und ohne Fruchtkörper. Diese bestehen größtenteils aus sterilem Pilzfädengewebe (Plektenchym) und bilden ebenso wie die Askomyzeten in palisadenförmiger Anordnung zusammen mit unfruchtbaren Zwischen- oder Saftfäden (Paraphysen) und Zystiden (unfertige Basidien in verschiedenen Entwicklungszuständen) ein Fruchtlager, das Hymenium. Die Zystiden haben mutmaßlich als Endigungen von Leitungsbahnen die Funktion von Ausscheidungsorganen. Basidien (Ständer) und Asci (Schläuche) sind einander entsprechende (homologe) Organe. Da sich, wie Lohwag 1937 gezeigt hat, erwiesenermaßen die Basidien aus den Asci und die Basidiomyzeten aus den Askomyzeten entwickelt haben, kann es nicht wundernehmen, daß sie in gleichartiger Weise zu Verbänden und Fruchtlagern (Hymenien) zusammentreten, auf denen sie büschelig bis palisadenförmig nebeneinanderstehen, und daß sich dann diese Lager zu mehr oder weniger nacktsporigen (gymnokarpen) oder bedecktsporigen (angiokarpen) Fruchtkörpern entwikkeln. Weil diese Fruchtkörperformen die einzige mit bloßem Auge wahrnehmbare Fruchtform darstellen, nennt man die von ihnen erzeugten Asci und Basidien die *»Hauptfruchtform«*, die übrigen Sporenbildungen, die dem Nichtfachmann unbekannt bleiben, etwa die Konidien, die *»Nebenfruchtform«*. Ihrer Herkunft nach ist die Bildung eines besonderen Fruchtlagers den Askomyzeten und Basidiomyzeten also gemeinsam. In außerordentlich vielfacher und bewundernswerter Weise löst hier die Natur das Problem, auf kleinstem Raum eine astronomische Vielzahl von Sporen entstehen und zur Verbreitung gelangen zu lassen, die ein einziger Fruchtkörper ausstreuen kann. Ein reifer Fruchtkörper des Wiesenegerlings, Nr. 30, schleudert 16 Milliarden Sporen fort, ein Schuppenporling *(Polyporus squamosus)* 50 Milliarden und ein Riesenbovist, bei Nr. 107, insgesamt 7 Billionen! Indem das Fruchtlager alle die mannigfaltigen Erhebungen, Vertiefungen und Höhlungen, Leisten und Blätter, Röhren und Stacheln der Fruchtkörper besetzt, vermag es ein Vielfaches seines beschränkten Lebensraumes auszunützen. Bei den Schlauchpilzen befinden sich die Asci im Innern der Fruchtkörper in einer flächenförmigen Fruchtschicht, die bei der Reife den Scheitel der Fruchtkörper sprengt; bei den Diskomyzeten oder Scheibenpilzen stellt diese Fruchtschicht ein »Apothecium« dar, das heißt ein becher- bis schüsselförmiges Gebilde, das die Schläuche offen an seiner Oberfläche trägt; die Hauptvertreter dieser Scheibenpilze sind die Morcheln (Nr. 113), Lorcheln (Nr. 114 und Nr. 115) und Becherlinge (Nr. 111 und Nr. 112). Die Trüffelpilze *(Tuberales;* Nr. 116 und Nr. 117) sind kugelförmig-knollig und haben in ihrem Innern Hohlräume und Gänge, die mit dem Fruchtlager ausgekleidet sind.

Und nun die Untergliederung der beiden großen Pilzgruppen: Die *Askomyzeten* teilt man wieder in zwei Klassen ein:

Die *Protoascomycetes*, niedrig organisierte Schlauchpilze, *Saccharomycetes*, Hefe- und Sproßpilze, und die *Euascomycetes*, höher organisierte Schlauchpilze. Diese gliedern sich wiederum in sechs Ordnungen, die man nach Fruchtkörperformen unterscheidet:

1. *Plectascales*, Pilze mit geschlossenen, kugeligen Fruchtkörpern (Perithecien), zum Beispiel die Schimmelpilze mit *Aspergillus* und *Penicillium*, sowie die Mehltaupilze *(Erysiphaceae)*.
2. *Pyrenomycetales*, Kernpilze, deren Fruchtlager im Innern eines urnen- oder krugförmigen, am Scheitel offenen Peritheciums eingeschlossen ist; hierzu gehört beispielsweise das Mutterkorn.
3. *Discomycetales*, Scheibenpilze, deren Fruchtlager offen auf der Fläche eines becher- oder schüsselförmigen, zuweilen auch hutförmig zusammengefalteten oder unregelmäßig gelappten und gestielten Fruchtkörpers ruht; s. Nr. 111, Kronen-Becherling, Nr. 113, Morcheln, und Nr. 114 und 115, Lorcheln.
4. *Tuberales*, Trüffelpilze, deren Fruchtlager sich in Gängen und Kammern knolliger unterirdischer Fruchtkörper befindet, s. Nr. 116, Weiße Trüffel, und Nr. 117, Sommer-Trüffel.
5. *Exoascales*, mikroskopisch kleine Schmarotzer ohne Fruchtkörper, zum Beispiel die Arten der Gattung *Taphrina*, welche die Hexenbesen auf den Bäumen und die Narrentaschen (Mißbildung unreifer Zwetschgen) verursachen.

6. *Laboulbeniales*, mikroskopisch kleine Schmarotzer mit borstenförmigen Fruchtkörpern ohne Fruchtlager; sie leben auf Insekten, wie *Stigmatomyces Baeri*, der lebende Laufkäfer aufzehrt.

Die meisten Schlauchpilze sind mikroskopisch klein und als Erreger gefürchteter Pflanzenkrankheiten wichtig, aber nur der wissenschaftlichen mikroskopischen Betrachtung zugänglich. Den Pilzfreund interessieren praktisch nur die Pilze der 3. und 4. Ordnung, die Scheiben- und Trüffelpilze, weil es unter ihnen begehrte Speisepilze, aber auch einige Giftpilze gibt.

Die *Basidiomyzeten* umfassen fünf Ordnungen. Das sind:

1. *Hymenomycetales* oder Hautpilze; hierher gehören die meisten unserer ansehnlichen Hutpilze. Sie haben ungeteilte Basidien und Fruchtkörper mit offenem Fruchtlager.
2. *Gasteromycetales* oder Bauchpilze, wie die Stäublinge (Boviste und Erdsterne). Sie haben ebenfalls ungeteilte Basidien, aber geschlossene Fruchtkörper.
3. *Auriculariales* oder Ohrlappenpilze, zum Beispiel das Judasohr, das auf alten Hollerstauden wächst. Die Ohrlappenpilze haben vierfach quergeteilte Basidien und gallertige Fruchtkörper.
4. und 5. *Uredinales* und *Ustilaginales*, Rost- und Brandpilze. Sie haben quergeteilte oder ungeteilte Basidien, jedoch keine Fruchtkörper, und sind mikroskopisch klein, aber als Schmarotzer und Schädlinge unseres Getreides von größter wirtschaftlicher Bedeutung.

Den Pilzfreund interessieren von den Ständerpilzen praktisch nur die ersten drei Ordnungen, die auch mit unbewaffnetem Auge erkennbar sind.

Bei der artenreichen und für den Pilzfreund wichtigsten Hauptgruppe der Hautpilze (Hymenomyzeten) befinden sich die Basidien in einer deutlich abgegrenzten Fruchtschicht zwischen den unzähligen Erhebungen des Hymenials, den Lamellen, Röhren, Zapfen oder Stacheln meist an der Unterseite der Hüte von Fruchtkörpern, die anfänglich umhüllt sind, bei den Bauchpilzen (Gastromyzeten) im Innern des Fruchtkörpers.

Die Hautpilze werden ihrerseits wieder nach der unterschiedlichen Ausbildung ihrer Fruchtkörper gegliedert. Da sind zunächst die *Blätterpilze (Agaricales)*; sie tragen ihren Namen nach den »Blättern« oder Lamellen, die vom Fruchtlager überzogen sind. Die Lamellen – jeder kennt sie vom Champignon oder vom Fliegenpilz – sind sehr zahlreich, dünn wie Messerschneiden, verlaufen radial, also strahlenförmig zwischen Hutrand und Stielspitze; gewöhnlich sind sie ihrer ganzen Länge nach voneinander getrennt. Die Lamellen stehen entweder dicht gedrängt oder mehr oder weniger locker. Vielfach sind längere mit kürzeren untermischt oder sie wechseln mit kurzen Randlamellen, die nicht bis zum Stiele reichen. Oft sind sie stark oder schwach verzweigt (gegabelt), seltener am Lamellengrunde queraderig verbunden (anastomosierend). Die Lamellenschneide ist einfach und unzerteilt oder gesägt und hat zuweilen eine von der Färbung der Sporen unabhängige Eigenfarbe. Artkennzeichnend, wenn auch mit der Entwicklung des Hutes etwas variierend, ist die Form und Anheftungsweise der Lamellen am Stiel (s. Abb. 4).

Abb. 4 Anheftungsweise der Lamellen

Fruchtkörper, deren Fruchtlager in einem fleischigen, meist ablösbaren Röhrenlager gebildet wird, heißen *Röhrlinge (Boletaceae)*. Weil sie sich zu einem porlingsähnlichen Netzwerk verflechten, wurden sie früher den weiter unten zu behandelnden Porlingen zugeordnet; seit Patouillard (1887) hat man sie aber von diesen abgetrennt, und heute zählen sie unbestritten zu den Blätterpilzen *(Agaricales)*. Sie legen im Gegensatz zu den Porlingen ihr Fruchtlager erst an, wenn ihr Wachstum abgeschlossen und ihre endgültige Gestalt vollendet ist, dann aber schnell und zur gleichen Zeit.

Bei einer anderen artenreichen Hauptgruppe der Hautpilze, den *Porlingen (Polyporales)*, bildet das Fruchtlager eine zusammenhängende Masse mit vielen dichtstehenden röhrigen oder wabigen Vertiefungen, meistens auf der Unterseite eines hutähnlichen, konsolen- oder krustenförmigen bis hautartigen Fruchtkörpers. Nach Ausschluß der Fältlinge oder Faltenpilze *(Meruliaceae)* mit flachen, faltigen Gruben – als deren Hauptvertreter der berüchtigte Hausschwamm allgemein bekannt ist – und des Leberreischlings *(Fistulina hepatica)* mit andersartigen, aus Zapfen entstandenen, freistehenden Röhren, bleiben immer noch zahlreiche mehr oder weniger ansehnliche Pilze, die man als *Löcherpilze* im engeren Sinne *(Polyporaceae)* bezeichnet. Das sind sehr vielgestaltige, meist holzbewohnende, lederige, korkartige oder holzige Frucht-

körper, die mehr oder weniger regelmäßig geformt und sowohl gestielt als auch ungestielt sein können. Wir haben von ihnen etwa 100 einheimische Arten.
Auf Einzelheiten der systematischen Einordnung einzugehen, ist in einem für jedermann gedachten Buch nicht möglich. Ein neuestes, knapp gemessenes Bestimmungsbuch, das nur die Blätterpilze enthält – die von Moser stammende dritte Auflage der »Kleinen Kryptogamenflora« von Gams –, hat schon 443 Oktavseiten!
Der Pilzfreund findet in Wald und Flur neben den stattlichen Hutpilzen oft zahlreiche Kleinpilze (Mikromyzeten) oder doch deren sporenbildende Organe, die sich vielleicht durch auffallende Form oder Farben bemerkbar machen. Im Rahmen dieses Buches kann auf Einzelheiten dieser interessanten, ungeheuer artenreichen Pilzflora jedoch nicht näher eingegangen werden. Ihre Kenntnis setzt Besitz und gewandten Gebrauch eines Mikroskops voraus und verlangt eingehendes Spezialstudium.

Von der Sexualität und vom Generationswechsel bei den Pilzen

Für das Verständnis dieses Kapitels, das sich vor allem an den Naturfreund wendet, der tiefer in das Lebensgeheimnis der Pilze eindringen möchte, wird es zweckmäßig sein, einige Grundkenntnisse aus der Biologie aufzufrischen.
Alle höheren Lebewesen – und mit ihnen auch die Pilze, genau wie alle höheren Pflanzen und Tiere – bauen sich aus Zellen auf; die Zelle als die Grundeinheit alles Lebendigen wird im wesentlichen gebildet aus dem Zell-Protoplasma, auch kurz *Plasma* genannt, und dem Zell-*Kern*, dem Steuerzentrum der Zelle. Charakteristisch für den Kern sind eigenartige schleifen- oder fadenförmige Gebilde, die wegen ihrer Färbbarkeit *Chromosomen* genannt werden (griech. chroma, Farbe, soma, Körper). Diese Chromosomen, deutsch wohl auch als Kernschleifen bezeichnet, sind die Hauptträger des Erbguts. (Es sei lediglich der Vollständigkeit halber erwähnt, daß auch im Zellplasma Erbträger festgestellt worden sind.)
Die Zahl der Chromosomen, die stets in »Garnituren« oder »Sätzen« vorhanden sind, ist für jede Tier- oder Pflanzenart konstant und artcharakteristisch.
Bei allen Tieren tragen sämtliche Zellen des Körpers eine doppelte Ausstattung mit Chromosomen, also zwei Sätze von Kernschleifen; man nennt Zellkerne, die diese doppelte Chromosomengarnitur besitzen, diploid. Lediglich die der geschlechtlichen Fortpflanzung dienen-

den Keimzellen besitzen nur eine einfache Ausrüstung mit Chromosomen, sie sind haploid. Es wird dies sofort verständlich, wenn man sich an die Konstanz der Chromosomenzahl erinnert: Hätten auch die Keimzellen eine doppelte Chromosomengarnitur, so würde aus ihrer Verschmelzung ein Wesen mit vierfacher Kernschleifenausstattung hervorgehen, aus der Vereinigung zweier solcher Wesen ein weiteres mit achtfacher Chromosomengarnitur und so fort. Soll also die Konstanz der Chromosomenzahl erhalten bleiben, so muß bei der Keimzellenbildung die doppelte Ausstattung des Kerns mit Chromosomen auf die einfache reduziert werden. Verschmelzen dann wieder zwei haploide Keimzellen, so hat das daraus hervorgehende Tier in allen sich entwikkelnden Zellen die doppelte Kernschleifenzahl, es ist diploid. Die Reduktion der Chromosomenzahl in den Keimzellen vom zweifachen auf den einfachen Chromosomensatz erfolgt in einem komplizierten Kernteilungsvorgang, den man in der Wissenschaft Reduktionsteilung oder Meiosis nennt; das Ergebnis der Meiosis ist die haploide Keimzelle.
Auch im Pflanzenreich kennt man diesen Wechsel zwischen Zellen mit einfacher und doppelter Chromosomenausstattung. Hier ist er jedoch dadurch weiter kompliziert, daß nicht nur die Keimzellen haploid sein können, sondern ganze Entwicklungsphasen im Lebenslauf der Pflanze; so ist zum Beispiel die ganze Moospflanze haploid – sie stellt die Haplophase dar –, und nur der sich aus ihr erhebende Sporenträger mit dem feinen Stielchen mit Ausnahme der zierlichen Haube ist diploid; er ist die Diplophase im Lebensablauf der Moospflanze.
Auch die Entwicklung der Pilze – schon im Zellkern und weiterhin im Myzelverband und Fruchtkörper – spielt sich in eigentümlichem Wechsel ab, der durch solchen Phasenwechsel gekennzeichnet wurde. Man unterscheidet auch hier eine Haplophase mit einfacher und eine Diplophase mit doppelter Chromosomenzahl. Die Haplophase endigt mit der Befruchtung, der *Karyogamie* oder *Kernverschmelzung*, die Diplophase mit der Reduktionsteilung (Meiosis), also mit der Zurückführung auf die einfache Chromosomenzahl. Außer diesem *Kernphasenwechsel* und parallel mit ihm findet ein *morphologischer Phasenwechsel* statt, vergleichbar mit dem Formenwechsel zwischen der Moospflanze und ihrem Sporenträger. Einzelheiten über diese umfangreichen und verzwickten Vorgänge findet der wissenschaftlich interessierte Leser in den botanischen Lehrbüchern und alsdann am besten in der »Morphologie und Entwicklungsgeschichte der Pilze« von E. Gäumann, die mit H. Lohwags »Anatomie der Asko- und Basidiomyzeten« die tieferen Grundlagen aller wissenschaftlichen Pilzkunde im deutschen Sprachraum gibt. Darüber hinaus und weiter weisen vor allem die Schriften Meinhard Mosers.

Daß die Pilze sich auch geschlechtlich vermehren, war bis vor Jahrzehnten noch unbekannt; heute ist es schon selbstverständliches Schulwissen. Nur geduldige, immer wiederholte direkte Anfragen an die schweigsame Natur, Experimente also und mühselige Kulturversuche in stillen Studierstuben und Laboratorien konnten das Dunkel um diese Vorgänge aufhellen. Alle verwickelten Einzelheiten und Ausnahmen davon anschaulich darstellen zu wollen, ist so schwierig und umständlich, daß es im Rahmen einer gemeinverständlichen Einführung in die praktische Pilzkunde nicht möglich ist. Hier kann nur das Wichtigste in großen Zügen ausgedeutet werden.

Die *Schlauchpilze* (Askomyzeten) können sich ungeschlechtlich (asexuell oder vegetativ) vermehren, indem sie an besonderen Ästen ihres Myzels, den Sporangien, ihre jungen Zellen, die *Exosporen* oder *Konidien* abschnüren; das sind dann behäutete Sporen, die durch Zellsprossung entstehen (beispielsweise beim Schimmel, *Aspergillus*). Schlauchpilze können sich aber auch geschlechtlich (sexuell) fortpflanzen. Dann entstehen an ihrem Myzel bestimmte *Geschlechtsorgane*, die männlichen *Antheridien* und die weiblichen *Archikarpien* oder *Askogonien*. Die weiblichen Organe haben auf ihrem Scheitel als Endzelle bei manchen Arten ein Hilfsorgan, nämlich eine längliche, gebogene Papille, ein mehrkerniges Wärzchen, das zum Umschlingen bestimmt und daher oft wie ein Schlänglein geformt ist, die *Trichogyne*. Wenn sich das keulenförmige, vielkernige männliche Antheridium an das blasenförmige, vielkernige weibliche Askogon angelegt hat, lösen sich die Trennungswände zwischen beiden auf und der Inhalt des Antheridiums geht in das Askogon über; ist eine Trichogyne vorhanden, so tritt er durch diese ins Askogon über. Die verschiedengeschlechtigen Kerne legen sich nun paarweise aneinander – man nennt dies Kernannäherung oder Plasmogamie –, verschmelzen aber noch nicht. Nachdem je zwei Kerne sich gleichzeitig geteilt haben (»konjugierte Teilung«), wandern ihre Kernpaare, also je ein männlicher und ein weiblicher Kern, in schlauchförmige, sich verzweigende Zellfäden, die askogenen Hyphen, hinaus. Dort bilden sich bei den meisten Askomyzeten an den Spitzen der Endzellen eigentümliche, nach rückwärts gekrümmte, gestielte Fortsätze oder *Haken*. Das Kernpaar geht in den Hakenbogen und teilt sich daraufhin abermals konjugiert, das heißt wiederum ein männlicher und ein weiblicher Kern gleichzeitig. Von den vier Tochterkernen bleiben zwei verschiedengeschlechtige in der Zellspitze liegen; je einer wandert in die Hakenspitze und in den Stiel. Nun grenzen sich Haken und Stiel durch Querwände (Septen) von der Spitze ab, wodurch ein dreizelliges Gebilde mit zwei einkernigen Zellen und einer paarkernigen Zelle entsteht. Die paarkernige Zelle ist die *Askus-Anlage*, in der die beiden Kerne jetzt

endlich zu einem großen Kern verschmelzen. Das Stadium der *Kernverschmelzung* oder Karyogamie ist erreicht. Daraufhin wächst die Zelle zum keulenförmigen, zunächst noch einkernigen *Askus* (Schlauch) aus. In drei weiteren aufeinanderfolgenden Teilungen gehen aus dem Verschmelzungskern acht Kerne hervor, um die sich in freier Zellbildung mittels Membranen acht haploide, das heißt nur mit einfachem Chromosomensatz versehene Sporen abgrenzen, die Askosporen. Sie bleiben in Längsreihe, meist zu acht, wie Erbsen in der Hülse in dem zur Sporenbildung noch nicht verbrauchten restlichen Zellsaft (Epiplasma) eingebettet liegen (s. Abb. 3). Inzwischen ist nach Öffnung der Querwand auch die Hakenzelle mit der Stielzelle verschmolzen und hat ihren Kern an sie abgegeben, wodurch auch hier eine paarkernige Verschmelzungszelle (Fusionszelle) entstanden ist, die nun ebenfalls zu einer neuen Askus-Anlage auswachsen kann. So bilden sich an jedem Ende eines askogenen Hyphenzweiges ganze sympodial verzweigte *Askusbüschel.* Sie treten mit sterilen Fäden, den *Paraphysen*, Saft- oder Zwischenfäden, zu oberflächlichen Fruchtschichten oder *Hymenien* zusammen. Zur Reifezeit werden die Asci (Schläuche) bei der geringsten Erschütterung oder auf Wärmereiz bei Sonnenbestrahlung nach Verquellung infolge von Wasseraufnahme unter hohem Druck am Schlauchscheitel gesprengt, ihre Sporen explosionsartig hinausgeschleudert und vom leisesten Luftzuge weiterverbreitet. Wenn man einen reifen Becherling aufnimmt, kann man das hübsche Spiel der Sporenabschleuderung in Gestalt feiner Staubwölkchen beobachten, die den Bechern entweichen.
Die Fortpflanzung der *Ständerpilze* (Basidiomyzeten) ist ganz ähnlich. Die Basidiosporen sind verschiedengeschlechtig. Bei ihrem Auskeimen entsteht ein Keimschlauch, auch Keimmyzel oder primäres Myzel genannt, und aus ihm in vielfach wiederholter Zellteilung ein Myzel mit lauter einkernigen Zellen, ein einkerniges Einspormyzel von dem bestimmten Geschlecht der Sporen, denen es entstammt. Es ist nahezu unbegrenzt lange wachstumsfähig. Sexualorgane sind an ihm nicht erkennbar ausgebildet. Wenn aber zwei verschiedengeschlechtige Myzelzweige mit ihren Wachstumsspitzen zusammentreffen (fusionieren oder kopulieren), legen ihre Kerne sich im *Stadium der Kernannäherung* paarweise aneinander. Ihr Zellsaft (Plasma) vereinigt sich, ihre Kerne verschmelzen jedoch seltsamerweise noch lange nicht. An dem Produkt dieser Plasmaverschmelzung (Plasmogamie), der Zygote, wächst nun aus einem Seitenast eine Zelle hervor, in die das Kernpaar einwandert. Sie verästelt sich wiederholt in zweikernigen Gliedern und wird zum Paarkernmyzel. Der hier einsetzende merkwürdige *Teilungsvorgang* entspricht jenem der Hakenbildung bei den Askomyzeten

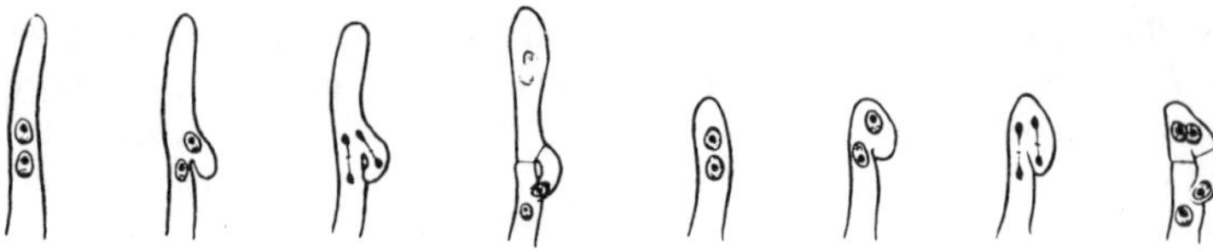

Abb. 5 Haken und Schnallen als homologe Organe (nach Lohwag)

(s. Abb. 5 nach Lohwag). Neben dem Kernpaar bildet sich ein ebenfalls hakenförmig oder hornartig nach unten gekrümmter seitlicher Fortsatz der Zelle, eine sogenannte *Schnalle*, in die ein Kern hineinwandert und sich teilt. Der zweite Kern des Paares bleibt in der Schnalle zurück, während der erste spitzenwärts wandert. Inzwischen hat auch der zweite Kern sich in der Zelle geteilt, worauf einer von seinen dabei entstandenen Tochterkernen ebenfalls gegen die Zellenspitze hin, ein anderer rückwärts, in den unteren Teil der Zelle, wandert. Zwischen diesen beiden Tochterkernen bildet sich unmittelbar unter der Ansatzstelle der Schnalle eine Querwand (Septe), und eine zweite Wand (in der Schnalle selbst) trennt diese von der Endzelle ab. Die Endzelle (der Schnallenkern) enthält also jetzt ein Paar verschiedengeschlechtiger Kerne. Aber auch die Basalzelle (der alte Zellraum) wird alsbald wieder zweikernig, indem der Kern aus der Schnallenspitze durch eine hierzu entstandene Öffnung in diese Zelle übertritt. Die Endzelle wächst weiter, und die Schnallenbildung wiederholt sich bei jeder Teilung eines Kernpaares, so daß ein reichverzweigtes, durchaus paarkerniges (dikaryotisches) und an allen Querwänden (Septen) mit einer Schnalle versehenes »Schnallenmyzel« entsteht. Die Haken der Askomyzeten und die Schnallen bei den Basidiomyzeten sind gleichsam Ausweichstellen und verhindern hier das Zusammenkommen von Schwesterkernen. Das Myzel kann in dieser Form jahrelang weiterwachsen, bis es beim Eintritt bestimmter Außenbedingungen durch reichliche Verzweigung und Hyphenverflechtung ein Fadenknäuel und aus diesem, der Fruchtkörperanlage, zweikernige Fruchtkörper entwickelt. Im Gegensatz zu den Askomyzeten besteht also das Flechtgewebe (Plektenchym) der Basidiomyzeten-Fruchtkörper aus *zweikernigen* (dikaryotischen) Hyphen. In ihren Hymeniumschichten, die sich bei der Mehrzahl der Arten an der Unterseite der Fruchtkörper befinden, schwellen die Endzellen der Hyphen an und werden zu keulenförmigen *Basidien* (Ständern, siehe Abb. 3!). Erst in diesen verschmelzen endlich die beiden Kerne miteinander; jetzt ist das Stadium der *Kernverschmelzung* oder *Karyogamie* erreicht, worauf in drei weiteren Teilungen vier haploide, also mit je einem Chromosomensatz versehene Kerne entstehen. Dadurch werden die Erbanlagen des väterlichen und mütterlichen Kernes so aufgeteilt, daß jeder neue Kern einen Teil davon mitbekommt. Je einer dieser Tochterkerne zwängt sich durch vier oder zwei (selten mehr) inzwischen am Scheitel der Basidie hervorsprossende pfriemenförmige, dünne, kurze und gleichlange Stielchen, die *Sterigmen*, in die an deren Ende heranreifenden kugeligen bis eiförmigen *Basidiosporen* hinein. Die Sporen werden schließlich durch Turgordruck, das heißt durch elastische Dehnung der Zellwand, abgeschleudert und von der geringsten Luftströmung, die schon durch die höhere Innentemperatur der Fruchtkörper entstehen kann, verbreitet und vom Winde weiter entführt.

Pilzpraxis

Vom Pilzesammeln

Das Sammeln von Pilzen ist weitgehend von Jahreszeit und Witterung abhängig. Kaum etwas erscheint so launisch und so wenig einer erkennbaren Gesetzlichkeit unterworfen als das Kommen und Gehen dieser Pilze. Jahre, in denen man die Fülle des Segens kaum noch zu überblikken, geschweige denn einzubringen vermag, wechseln mit solchen, in denen die gemeinsten Arten einfach ausbleiben oder sich nur in Kümmerformen sehen lassen. Stellvertretend tauchen wunderlicherweise dann gerade größte »Seltenheiten« überall und in Massen auf.
In guten Jahren beginnt die Pilzernte schon im April. Der *März-Schneckling,* Nr. 19, ist mancherorts ein Märchenkind aus der Fremde, wie vermutlich der später, aber selten irgendwo einmal vorkommende sagenhafte Kaiserling. *Morcheln, Lorcheln* und *Becherlinge* kommen schon mit Bärlauch und Aronstab als erste, in guten Jahren zugleich mit dem *Maipilz* oder Georgsritterling, Nr. 34, der seinen Namen vom St.-Georgs-Tag, dem 23. April, hat. Schon im Mai kommen bisweilen vielleicht auch die ersten einzelnen *Steinpilze,* Nr. 1, vielleicht aber auch nur Erstlinge der tödlich giftigen *Ziegelroten Rißpilze,* Nr. 60, die schneeweiß wie Champignons oder auch mehlgelblich wie Mairitterlinge, Nr. 34, herausschauen, aber vor unseren kritischen Blicken schon zu erröten scheinen. Erst mitten im Juni pflegt der erste größere Trupp von Steinpilzen aufzutreten, bisweilen mit dem einen oder anderen farbenprächtigen *Hexenpilz,* aber nur vierzehn Tage bis höchstens drei Wochen zu bleiben und dann bis zum Spätsommer oder gar bis zum September völlig zu verschwinden. Im Juni oder Juli kommen bei günstigem Wetter *Champignons* (Egerlinge) und *Feldschwindlinge,* Nr. 51, schon in langen Reihen, Hexenringen und Halbkreisen, aber auch bereits die ersten *Täublinge* und einige andere Pilze. In den folgenden heißen Hochsommertagen ist meistens pilzarme Trockenzeit. Dann aber bringen Regen und Herbstnebel anfangs September bis in den Oktober hinein eine solch unübersehbare Fülle von Täublingen, Röhrlingen und Pilzen aller Arten in Wald und Flur, daß man saure Mühe hat, sie sämtlich namentlich wiederzuerkennen, und viel süße Mühe, sie für Mutters Küche hoch in die Körbe und Koffer zu verstauen. In der Oktobermitte, mit den ersten Frösten, verschwinden die meisten Röhrlinge, dann aber erst kommen in großen Reihen und Hexenringen noch die Spätherbstpilze, denen auch ein scharfer Frost nicht viel anhaben kann, wie *Butterrüblinge, Erd-* und *Violette Ritterlinge* und andere

mehr. Einigen Arten, den *Schneelingen, Frostraslingen* (Erdsimmerlingen) und *Frostschnecklingen* gefällt es erst in dieser Zeit und sie kommen jetzt in großer Menge. Sogar einzelne vielbegehrte Speisepilze, *Steinpilze* und *Hexenröhrlinge* können sich an günstigen Standorten, zwischen Heidekraut, immer noch bis zum tiefen Winter halten. – Für die meisten Schwammerlsucher ist dann schon längst »Saisonschluß«: »Es lohnt sich nimmer.« Aber das ist die beste Zeit der Einzelgänger und ganz Unverdrossenen mit genauer Standortskenntnis und vieljähriger Erfahrung, denen es nicht nach Mengen und allbekannten Sorten, sondern nach Seltenheiten und besonderen Leckerbissen gelüstet. Nun wachsen, schon mitten im Schnee, nur noch die *Winterpilze, Samtfußrübling,* Nr. 55, und *Austernseitling,* büscheligrasig und darum in Menge zu finden.

Zum ordentlichen Sammeln eignen sich nur leichte, luftdurchlässige Behälter aus festem Flechtwerk, am besten also Körbe, möglichst mit verschiebbarem Deckel, am wenigsten geeignet sind »Plastiktüten«. Pilze dürfen sich nämlich nicht erhitzen, weil feuchte Wärme die Zersetzung ihrer fleischähnlichen Eiweißverbindungen beschleunigt und sie sehr schnell *verderben* läßt.

Daheim angelangt, lasse man sich, wenn man auch noch so müde ist, die kleine Mühe nicht verdrießen, *sofort* alle Sammelbehälter vollständig auszuleeren und die Pilze, womöglich nach Arten gesondert, *auseinanderzubreiten.* War das Sammelgut schon draußen im Wald von aller groben Verschmutzung befreit, so kann man ohne Schaden das *Putzen,* also die letzte Reinigung und Zurichtung für die Küche, bis zum anderen Tag verschieben. Ist man aber noch munter, so kann die Familiengemeinschaft unter sachkundiger Anleitung auch dies noch am gleichen Abend besorgen; solche fröhliche Gemeinschaft bei der Vorbereitung auf die kommenden kulinarischen Genüsse gehört zu den schönsten Erinnerungen aller Pilzjäger.

Um das zarte Myzel nicht zu beschädigen und auch künftige Ernten zu ermöglichen, soll man die Pilze nie einfach aus dem Erdboden reißen, sondern sie behutsam drehend *herausheben,* immer unter voller Erhaltung des Stieles, und das entstandene Loch mit dem Handballen wieder zudecken. Das Abschneiden der Pilze ist mindestens dem Anfänger nicht anzuraten – nicht etwa, um die Pilzfliegen an der Eiablage zu verhindern, was ja doch wohl nur selten sein kann, auch nicht, um das Faulen der Pilzreste hintanzuhalten, was nach Lage der Dinge niemals möglich ist, sondern um sich von Anfang an daran zu gewöhnen, daß man den ganzen Pilz kennenlernt. Tut man das nicht, so bleiben etwa Stiel und Knollen samt der Scheide in der Erde stecken; wichtige Unterscheidungsmerkmale vieler Pilze werden dann aber übersehen, und eine

Verwechslung mit ähnlich aussehenden, aber hochgiftigen Pilzen ist gefährlich nahegerückt! Schließlich entferne man mit einem Taschenmesser schon am Fundort sofort alle Verunreinigungen durch Erde, Laub, Nadeln oder Tierfraß. Dabei sieht man auch schon gleich, ob der Pilz des Mitnehmens wert ist, ob er also noch kernig und gesund oder schon alt und schwammig oder ob er von Pilzmaden zerfressen ist. Zu alte, wäßrige und schimmelige oder vermadete Pilze läßt man zur Düngung und Sporenverbreitung im Walde zurück! Solche mit ganz geringem Madenfraß schneide man sorgfältig aus und lege sie gesondert; sonst verderben sie vollends sehr schnell und gefährden das übrige Sammelgut. Ein erfahrener Sammler sieht es den Pilzen meist schon am Waldboden an, was sie wert sind, und *läßt sie an Ort und Stelle stehen,* weil nur ihr lotrechter Stand ein ungehindertes Ausstreuen der Sporen ermöglicht. Von Pilzen mit zähen, faserigen oder holzigen Stielen nehme man nur die Hüte mit. Solchermaßen sauber vorgereinigte Pilze erleichtern die weitere Zurichtung für die Küche und ersparen später viel Zeit und Mühe.

Die meisten Pilze sind sehr gesellig, weil ihr Myzel nach- und nebeneinander zahlreiche Fruchtkörper ausbilden kann. Hat man irgendwo einen eßbaren Pilz gefunden, dann eile man also nicht gleich weiter, sondern schaue bedächtig in dessen Nachbarschaft umher. So wird man meistens noch einen oder mehrere »Brüder« finden können. Achtet man von vornherein auf allen Pilzgängen auf die Pilze als Begleiter von Laub- und Nadelbäumen oder bestimmten Waldkräutern, so wird man seines Erfolges um vieles sicherer. Erinnert man sich hierbei noch daran, was man über die Mykorrhizabildung, also über die Pilzwurzeln an Waldbäumen, weiß, und denkt man an das, was man schon über Hexenringe gehört hat, so schreitet man in der Standortskenntnis beträchtlich voran und ist anderen Pilzsammlern um mehr als eine »Nasenlänge« voraus. Gewöhnt man sich zugleich daran, langsam zu gehen und dabei nicht nur stumpfsinnig auf den Erdboden zu starren, sondern den Blick auch frei zu erheben und sich aller Schönheit in Wald und Flur zu freuen, dann entdeckt man Pilze auch an und auf Bäumen und sieht an Baum und Felsgestein mancherlei wunderbar zierliche Flechten und Moose sowie die unscheinbaren, aber formenreichen und bisweilen farbenprächtigen »niederen« Pilze. Auch allerlei kriechendes, krabbelndes, laufendes, fliegendes Kleintierleben erblickt man dann, von dessen Mitdasein man bisher vielleicht nicht mehr als eine dumpfe Ahnung hatte. Man sieht Bienen und Ameisen, Käfer und Spinnen, Schnecken und Würmer, Libellen und Falter, Frösche und Schlangen, Eidechsen und Molche, Mäuse und Maulwürfe, Vögel und Wild.

Doch zurück zu den Pilzen! Der Sammler *beschränke* sich zunächst auf eßbare Pilze, die er schon zuverlässig kennt oder die leicht erkennbar sind, wenn sie zugleich häufig sind und das Einholen lohnen. Für Pilze, die ihm noch unbekannt sind, ist es richtiger, sich zunächst mit den Arten zu bescheiden, die dort in großer Menge vorkommen. Zumal ein Anfänger begnüge sich zuerst noch mit einigen Arten. Weniges gut zu kennen, ist besser, als einen Haufen verschiedenartiger Pilze zusammenzuraffen, die man sich ja doch nicht alle auf einmal merken kann. Das nächste Mal lerne man ein paar andere Arten und bereichere so sein Wissen langsam, aber zuverlässig. Von Anfang an aber sollte man sich daran gewöhnen, einen schon bekannten Pilz nach allen Seiten zu beobachten, um ihn auch künftig, in seinen aufeinanderfolgenden Entwicklungsformen, mit Sicherheit wiederzuerkennen. Das führt zu bleibenden Erkenntnissen und gewährt einen festen Standpunkt, von dem aus die Vielzahl der Erscheinungen nicht mehr verwirrend, sondern erklärend wirkt. Schon von Anfang an sollte man auch stets auf die natürliche *Gesamtumgebung* achten, auf den Lebensraum also und die gesellschaftlichen Verbindungen mit anderen Lebewesen. Das bewahrt auch später bei etwa notwendiger Spezialisierung vor aller Einseitigkeit. Praktisch bietet eine gute Kenntnis der Standorte den angenehmen Vorteil, nicht stundenlang rat- und ziellos umherirren zu müssen, um zum nützlichen Zweck zu gelangen, einem reichlichen Sammelergebnis für die Küche. Ist man dabei in Begleitung eines zuverlässigen Pilzkenners, dann lernt man mit leichter Mühe auf einem solchen Pilzgang mehr als andere in langen Jahren. Bloßes Bücherwälzen allein führt nicht zum Ziel! Doch sind Bücher von Nutzen und sogar unumgänglich notwendig, wenn ein fortgeschrittener Pilzfreund weitere Belehrung sucht, die über die bekanntesten Speisepilzarten hinausgeht, und insbesondere dann, wenn er sich dem Studium schwieriger und artenreicher Gruppen zuwenden will. Die Beherrschung botanischer Grundbegriffe ist hierbei höchst nützlich, der Gebrauch einer scharfen Lupe und womöglich eines Mikroskops empfehlenswert. Zuerst allerdings wird man zufrieden sein dürfen, wenn die Menge der Fehlbestimmungen die Zahl der richtigen Benennungen nicht allzuviel übersteigt. Die Sicherheit kommt mit der Übung! Wer jedoch alles zu wissen glaubt, darf sich nicht wundern, wenn er sich verdientem Spott ausgesetzt sieht.

Wertlose Pilze?

Wertlose Naturdinge gibt es nicht. In der Ordnung der Natur haben auch Geschöpfe, die uns sinnlos scheinen, weil wir ihren eigenen Sinn nicht erkennen, oft einen wichtigen Auftrag. Man denke nur an das

Edaphon, jene lautlos tätige Flora und Fauna im Boden, die doch die Ackergare bewirkt, der wir das tägliche Brot verdanken! Auch die Giftpilze haben ihren heimlichen Zweck und Nutzen – genau wie die Schadinsekten und Raubtiere, und man kann kein Einzelwesen beschädigen, ohne die Naturordnung selber zu stören. Daher zerschlage man auch keine Pilze und wehre den Toren, die es mutwillig tun! Was einem Unkundigen nutzlos dünkt, kann einem Kenner höchst wertvoll sein.
Viele Pilze in unserer Umgebung, wohl die meisten Arten, sind für Speisezwecke wertlos, teils wegen ihrer Konsistenz, teils weil sie also wie viele Baumschwämme lederigzäh bis holzhart, teils weil sie mehr oder weniger bitterlich bis gallenbitter oder schärflich bis pfefferscharf, wenn nicht gar unerträglich scharf sind. Manche haben auch einen unangenehmen Geruch oder Geschmack. Viele Pilze, auch solche, die wir als Giftpilze verabscheuen, haben zudem einen noch kaum erkannten *Heilwert,* von dem das vielgenannte Penicillin nur eine Probe gibt.

Kleine und unbekannte Pilze

Recht kleine oder kleinste Pilze kommen wegen ihrer Winzigkeit als Speisepilze kaum in Betracht oder doch nur für einen beschränkten Kreis von Kennern, namentlich dann, wenn sie durch massenhaftes Auftreten für ihre Kleinheit entschädigen und das Sammeln daher doch lohnend machen. Für die Pilzwissenschaft sind sie, wie die kaum noch sichtbaren Mikromyzeten, am interessantesten und erlauben immer noch Entdeckungen und Neufunde.
Ziemlich kleine Pilze sind auch einige hundert Arten der zahllosen Rüblinge, Schüpplinge, Helmlinge, Nabelinge, Schnitzlinge und anderen ...linge, die den Anfänger zunächst völlig verwirren und auch dem erfahrenen Pilzkenner noch zu schaffen machen können.

Pilzfreund und Wissenschaft

Die *Mikromyzeten,* also die mikroskopischen Kleinpilze, kann man das ganze Jahr hindurch sammeln, auch im Winter. Das ist äußerst reizvoll, dient aber lediglich *wissenschaftlichen* Zwecken und kann erfolgreich auch nur mit wissenschaftlichen Mitteln betrieben werden. Will man sich hierbei baldige Entmutigung infolge weiter Umwege und Irrwege ersparen, so tut man gut, sich anfangs der Einführung und Anleitung durch einen bewährten Meister zu bedienen. Fragen der Systematik schließlich, der wissenschaftlichen Klassifizierung oder Einordnung, gehören nicht mehr zur volkstümlich verstandenen Pilzkunde, sondern sind reine Gelehrtenarbeit. Um auch nur die Systematik der artenreichen *Blätterpilze* zu verstehen, ist jahrzehntelanges Studium und eine lebenslange Erfahrung nötig! Und wenige Menschen eignen sich überhaupt dazu. Doch zu der Klärung tausend wichtiger Einzelheiten vermag auch der einfachste Pilzfreund Wertvolles dann beizutragen, wenn er sorgfältige Beobachtung mit schlichter Treue der Wiedergabe vereinigt. In der volkstümlichen Pilzkunde gibt es unzählige Fragen, bei deren Beantwortung die Sammel- und Beobachtungstätigkeit aller Pilzfreunde stets erwünscht und oft ganz unentbehrlich ist. So namentlich bezüglich der *Standortskunde* und der *Pflanzengeographie,* also hinsichtlich der Verbreitung und gesellschaftlichen Zusammenordnung der Arten unter sich und mit anderen Pflanzen. Zur Pilzkunde kommt manch eifriger Jünger als Neugieriger oder auch nur als Feinschmecker, um dann als Naturforscher für immer bei ihr zu bleiben; auch zünftige Botaniker beginnen in der Pilzkunde als Autodidakten, ehe sie sich als Mykologen fühlen können! Solchen ernsten Interessenten ist der Beitritt zu den örtlichen Pilzvereinen und Botanischen Gesellschaften anzuraten. Ihre Vorträge, Exkursionen, Zeitschriften und Büchersammlungen geben nebst edlem geselligem Zusammensein alle Möglichkeiten zur Aus- und Weiterbildung sowie zu individueller wissenschaftlicher Betätigung.

Pilzfreund und Naturschutz

Nicht nur dem passionierten Pilzsammler, der leckermäuligen Erlebnissen nachjagt, auch dem Naturfreund überhaupt ist es ein inniges Vergnügen, bei den Wohnorten und geselligen Verbindungen von Pflanze und Tier zu verweilen. Von selbst wird er Unberührtheit und Stille suchen, wo sie am ehesten noch zu finden ist, in Wald und Flur. Weder an den Seen noch an den Flüssen oder gar auf den städtefernen Berghöhen wird er johlen und die traurigen Zeugnisse seiner Anwesenheit als Unrat und Zerstörung hinterlassen – nicht nur, weil die Pilze wie freundliche Waldkobolde vor allem Lärmen sich verstecken, sondern weil der wirkliche Naturfreund empfindet, daß die schöne Natur selber vor jedem Unverschämten flieht. Er wird weder Blumenräuber noch Baumfrevler sein können und auch kein Pilzräuber, der etlicher jungen Steinpilzchen wegen weithin den Moosrasen aufreißt, um ihn dann, verwüstet für Jahre, liegen zu lassen. Rings um die großen Städte und überall da, wo der ehrfurchtlose Großstädter seine Unnatur bewiesen hat, verarmt der Wald, versteppt und versandet die Feldflur.

Pilzregeln? – Giftzeichen?

Auf die hundertmal wiederholte *Frage:* Gibt es allgemeine Merkmale, an denen man eßbare von giftigen Pilzen sicher unterscheiden kann? gibt es nur eine einzige richtige *Antwort:* Nein! Irgendwelche allgemeingültige Kennzeichen zur Unterscheidung von eßbaren und giftigen Pilzen gibt es nicht. Daher kann es auch keine brauchbare Regel dafür geben, so wenig als jemand Allgemeingültiges über Giftigkeit oder Ungiftigkeit der Samenpflanzen sagen könnte. Wie man die wichtigeren Giftpflanzen als Tollkirsche, Seidelbast, Bilsenkraut oder Stechapfel *einzeln* kennenlernt, so muß man auch bei den Pilzen die giftigen von den ungiftigen Arten *einzeln* unterscheiden lernen, um sie meiden zu können. Bei den Pilzen läßt wohl auch nur die gefährliche Macht der Überlieferung uralt eingewurzelter Irrtümer, die mit unglaublicher Zähigkeit am Leben bleiben und sich von Geschlecht zu Geschlecht weitervererben, alle Bemühungen fruchtlos erscheinen, besser begründeten *Einsichten* Platz zu machen; und es wird wohl damit nicht besser werden, ehe nicht schon jedem Schulkind zugleich mit dem Abc und dem kleinen Einmaleins auch die Kenntnis der gefährlichsten Giftpilze unauslöschlich eingeprägt wird. Bis dahin sollten wenigstens moderne Lehrerbildungsanstalten dafür sorgen, daß jeder Junglehrer die wichtigsten Giftpilze, mindestens die tödlich giftigen Knollenblätterpilze, in allen Entwicklungsstadien sofort erkennen kann.

Unausrottbar scheint das verhängnisvolle und mörderische Großmuttermärchen vom *Braun- und Schwarzwerden eines silbernen Löffels und einer mitgekochten Zwiebel* als angeblichen Beweis für das Vorhandensein giftiger Pilze in Speisen. Auch andere nicht weniger törichte Regeln – etwa über das Gelbwerden von Salz, das, auf die Lamellen aufgestreut, unfehlbar die giftigen Pilze verrate – spuken auf allen Pilzwanderungen und in Anfragen bei der Beratungsstelle wie böse Geister umher. Hier kann man ihnen dann wenigstens entgegentreten, nicht aber in ihren Schlupfwinkeln, wo die Weisheit der Nachbarin oder der alten Base als ein Orakel gilt. – Das alles ist Unsinn! Und falsche Regeln sind noch gefährlicher als kindliche Unkenntnis.

Und wann und warum wird der Silberlöffel im Pilzgericht schwarz? Eiweiß ist schwefelhaltig. Die Verfärbung eines silbernen Löffels rührt vom *Eiweißgehalt der Pilze* her. Auch Eierspeisen oder Suppen mit Ei färben infolge geringer Abscheidung von Schwefelwasserstoff alle Silbersachen, wobei das hiermit entstandene *Schwefelsilber* in dünner Schicht gelblich bis braun, in dicker Schicht schwarz erscheint. Mit Gift hat das gar nichts zu tun!

Daß Pilze von Tieren, beispielsweise von Fliegenmaden oder anderen

Insektenlarven, sowie von Käfern, Tausendfüßlern und Schnecken ohne Schaden gefressen werden, auch das beweist niemals Ungiftigkeit und Eßbarkeit auch für uns. Was diesen Tieren als Kaltblütern nicht schadet, kann für den Menschen gleichwohl tödlich giftig sein. Aber auch das Wild und viele andere Tiere können nach Raebigers Forschungen alle Pilze, einschließlich der Giftpilze, vollkommen schadlos genießen und in langsamer Steigerung sogar bedeutende Giftfestigkeit erreichen. Von unseren Haustieren ist das *Schwein* am wenigsten empfindlich für geschmackliche Reize wie für Gifte. Der »Saumagen« ist nicht nur in der Münchener Mundart sprichwörtlich. Auch das Schwein hat in seinem Magen ein Ferment, durch das Pilzgifte in unschädliche Verbindungen zerlegt werden (Bötticher 1950).
Keine Gestalt oder Verfärbung, kein Geruch oder Geschmack allein kann die Genießbarkeit oder Giftigkeit von Pilzen anzeigen. *Nur genaue Kenntnis der Giftpilze schützt vor Schaden!* Tödlich giftige Pilze können sehr schön sein, auch angenehm riechen und recht gut schmekken. Andererseits können ganz unansehnliche, augenscheinlich in »Warn- und Schreckfarben« gekleidete, dazu vielleicht »sich gräulich giftig verfärbende«, mitunter sonderbar riechende und wenigstens in rohem Zustand unschmackhafte Pilze bei guter Zubereitung völlig unschädlich, schmackhaft und bekömmlich sein. Leichtgiftige Pilze können gleich nach dem Genuß heftiges Unbehagen und Erbrechen, schlimmste Giftpilze dagegen scheinbares Wohlbefinden hinterlassen, bis, oft erst nach vielen Stunden, plötzlich und unerwartet an schrecklichen Symptomen zu spät erkennbar wird, daß wieder einer sich den Tod angegessen hat. Und hochgiftige Arten können *den bekannten und begehrten Speisepilzen an gemeinsamen Standorten täuschend ähnlich sehen.* Pilze, die dem Steinpilz nach Geschmack und Nährwert nur wenig nachstehen, können also mißfarbig, schmutzigbraun, auch hell- oder tiefblau, grün oder rot, purpurn bis violett oder gar tintenschwarz *anlaufen*, ohne daß es ihren Speisewert, ihren Wohlgeschmack oder ihre Zuträglichkeit im mindesten beeinträchtigt. Denn hier wie nirgendwo trügt der Augenschein, täuschen Geruch und Geschmack.
Alle *Verfärbungen* von Pilzen auf Berührung, Anschnitt oder Verletzung sind auf das Vorhandensein phenolartiger Stoffe (wie Karbolsäure und dergleichen) in Verbindung mit Oxydation durch den Luftsauerstoff zurückzuführen. Manche Milchlinge, besonders Edel- und Blutreizker und viele Röhrlinge, besonders die Hexenpilze sowie Kornblumenröhrling oder Maronenröhrling, auch die Birkenpilze und namentlich die Rotkappen sind für solches Verfärben beim Pilzkenner wohlbekannt, beim pilzunkundigen Volk aber geradezu abergläubisch gefürchtet. Farbänderungen sind in keinem Fall ein Anzeichen für Giftig-

keit oder Gesundheitsschädlichkeit, sondern kennzeichnen nur gewisse fermentative, gärungsfördernde Vorgänge. Örtlich, genau gesagt anatomisch, sind sie vom Vorhandensein mehr oder weniger zahlreicher Safthyphen im Fruchtfleisch abhängig.
Verallgemeinerungen sind überall falsch! – Auch Regeln, die nur *teilweise Gültigkeit* beanspruchen, indem sie sich auf bestimmte, leicht übersichtliche Pilzgattungen beschränken, sind nur mit Vorsicht aufzunehmen.

Pilzvergiftungen

Gift ist nach dem Sprachgebrauch und in Übereinstimmung mit Strafrecht und Arzneimittellehre jeder chemische Stoff, der im gesunden menschlichen (im weiteren Sinn auch im tierischen oder pflanzlichen) Körper schon in kleinen oder kleinsten Mengen schädlich oder tödlich wirkt; in umfassenderer Bedeutung ist Gift auch wohl alles, was nicht nur im Übermaß aufgenommen schädliche Wirkung auf den Organismus haben *kann*. Oft macht also nur die *Menge* oder auch die Summierung der Mengen solche Stoffe giftig. Denn auch der häufige bis tägliche Gebrauch an sich unschädlicher Nahrungs- und Genußmittel einschließlich unserer Küchengewürze kann schädliche Folgen zeigen, ganz abgesehen von den eigentlichen Genußmitteln Kaffee, Tee, Tabak und alkoholischen Getränken.
Bei den Pilzgiften unterscheidet man Zellgifte (Protoplasmagifte) – Toxine mit neurologischer Wirkung – gastrointestinale Reizstoffe – disulfiramatige Verbindungen.
Bei den ersten Anzeichen einer »Pilzvergiftung« gibt es nur einen »guten Rat«: Sofort den Arzt rufen, sofort ins Krankenhaus!
Bis der Arzt kommt: Erbrechen herbeiführen (Gaumenkitzeln, Salzwasser trinken usw.), möglichst viel lauwarmes Wasser trinken, keinen *Alkohol* geben. Am wichtigsten ist es aber, in der Umgebung des oder der Vergifteten Ruhe zu bewahren. Viele einst empfohlenen Mittel und Mittelchen als Hilfe bei Pilzvergiftungen haben und hatten nur zweifelhaften Wert.
Die Hast unserer Zeit hat den »Fernsprecher« zum wichtigsten Nachrichtenübermittlungsinstrument werden lassen, also steht er auch bei Pilzvergiftungen zur schnellsten Benachrichtigung des Arztes zur Verfügung.
Ein Pilzberater, es sei denn, er ist Arzt, hat bei einer Pilzvergiftung keinen Wert, denn seine Auskunft könnte ihm am Ende vom Staatsanwalt noch als fahrlässige Körperverletzung ausgelegt werden.

Wurde die einzige gültige *Pilzregel* »Sammle nur, was du genau kennst« außer acht gelassen, hilft nur eines: Sofort den Arzt rufen, sofort ins Krankenhaus!
Bemerkung: Bei allen als eßbar bezeichneten Pilzen gilt das »eßbar« nur für Pilze, die mindestens 10 Minuten gut gekocht oder gebraten sind. Vergiftungen durch verdorbene Pilze sind keine Pilzvergiftungen, sondern Lebensmittelvergiftungen.
Wichtig: Erbrochene Speisereste oder noch vorhandene Abfälle (vom Pilzputzen) bei Pilzvergiftungen sicherstellen, diese können für Untersuchungen durch Spezialisten sehr wichtig sein.

Die gefährlichsten Giftpilze sind:

GRÜNER KNOLLENBLÄTTERPILZ, *Amanita phalloides (Vaill. ex Fr.) Secr. Nr. 22,*
FRÜHLINGSKNOLLENBLÄTTERPILZ, *Amanita phalloides (Vaill. ex Fr.) Secr. var. verna Bull.*
WEISSER KNOLLENBLÄTTERPILZ, *Amanita verna (Bull. ex Fr.) Pers. ex Vitt., Nr. 23.*
NADELHOLZ-(Schüppling)HÄUBLING, *Galerina marginata (Fr.) Kühn.*, bei Nr. 56.
Kleine GIFTSCHIRMLINGE, *Lepiota,* Arten bei Nr. 33.
Gifte: Beim grünen Knollenblätterpilz, Phallotoxine, Amatoxine, mindestens 10 Gifte (Th. Wieland). Der weiße Knollenblätterpilz enthält andere, nicht minder gefährliche Gifte (Virosin: T. Staron und M. Coutillot). Der Nadelholz-Häubling und die kleinen Giftschirmlinge zeigen ähnliche Vergiftungserscheinungen wie die giftigen Knollenblätterpilze. *Latenzperiode:* 5–10–20 Stunden.
Anzeichen: Brechdurchfälle, Leibschmerzen, Herzschwäche, Schwellung der Leber, Blutharnen. Der Vergiftete bleibt bei vollem Bewußtsein: Sofort den Arzt rufen, sofort ins Krankenhaus!
Wirkung auf Nieren, Leber, Blut, Kreislauf, Nerven! Meist tritt der Tod nach 7 Tagen ein, wenn bei klinischer Behandlung keine Hilfe mehr möglich war. Bleibende Schäden an Leber usw.
Verwechslungen mit Egerlingen, Grünen Täublingen und dem Grünling (Nr. 36) wurden angegeben.
ORANGEFUCHSIGER SCHLEIERLING, *Cortinarius orellanus* (Fr.). Weitere Schleierlingsarten aus der Gattung *Cortinarius Fr.,* Untergattung *Leprocybe* (Moser), sind möglicherweise genauso giftig! *Latenzperiode:* 2–17 Tage (in Polen, Testa, beobachtet 1952, 1955 und 1957).
Gifte: Polypeptide; ähnlich wirkende Giftstoffe wie bei den giftigen Knollenblätterpilzen: Sofort den Arzt rufen, sofort ins Krankenhaus!

Anzeichen und Wirkung: Erinnern an die Epidemien einer Infektionskrankheit.
Folgen: schwere Nierenschädigung (es wurden Todesfälle erst 162 Tage nach der Mahlzeit festgestellt).
FRÜHJAHRSLORCHEL, *Gyromitra esculenta (Pers.) Fr.,* Nr. 114.
RIESENSTOCKLORCHEL, *Maublancomyces gigas* (Krbh.) Herter bei Nr. 114, *Gifte:* Gyromitrin (List und Luft), wahrscheinlich noch weitere Gifte. *Latenzperiode:* 2–10 Stunden.
Anzeichen: Brechdurchfälle, Krämpfe, Gelbsucht, Mattigkeit, Kopfschmerzen, Übelkeit: Sofort den Arzt rufen, sofort ins Krankenhaus!
Wirkung: Zerstörung der Leber. Tod 2–14 Tage nach Auftreten der ersten Symptome. Die oft erst bei wiederholtem Essen der Frühjahrslorchel auftretenden Vergiftungen wirken wie eine Zeitbombe! Ob getrocknete Frühjahrslorcheln völlig ungiftig sind, wie in der Literatur immer angeführt, kann ich weder bestätigen noch verneinen. Der Kronen-Becherling, Nr. 111, zeigt ein ähnliches Krankheitsbild.
FLIEGENPILZ, *Amanita muscaria (L. ex. Fr.), Hooker,* Nr. 26.
Gifte: Muscarin, nur in kleinen Mengen, *Ibotensäure und Muscazon* (C. H. Euster). *Latenzperiode:* 15–60 Minuten.
Anzeichen: Verwirrungszustände (vorübergehender Wahnsinn), Heiterkeit, Weinen, Lachen, Schreien, Wut- und Tobsuchtsanfälle, Speichel- und Tränenfluß, Sehstörungen. *Nachfolgend:* Narkoseähnliches Lähmungsstadium, Bewußtlosigkeit, große Erschöpfung: Sofort den Arzt rufen, sofort ins Krankenhaus!
Wirkung: Nerven, Herz, Atmung! Tod durch Atmungsstillstand, Herzversagen. *Bleibende Schäden:* Nicht bekannt.
Verwechslung: Der Fliegenpilz, als Prototyp des Giftpilzes, ist den meisten bekannt, darum so wenig Vergiftungen, es sei denn, man glaubt das alte Geschwätz, Fliegenpilze seien ohne Huthaut eßbar.
PANTHERPILZ, *Amanita pantherina (DC. ex Fr.) Secr.,* Nr. 24. *Latenzperiode:* 30 Minuten bis 1 ½ Stunden.
Anzeichen und Wirkung wie beim Fliegenpilz, Nr. 26, aber viel schlimmer, heftiger. Sofort den Arzt rufen, sofort ins Krankenhaus!
Verwechslung mit dem gedrungenen Wulstling, Nr. 25, und dem Perlpilz, Nr. 27.
RIESENRÖTLING, *Rhodophyllus sinuatus (Bull. ex Fr.) Sing.,* Nr. 32.
Gifte: Noch nicht sicher erforscht. *Latenzperiode:* bis 3 Stunden.
Anzeichen: Heftiges Erbrechen, heftiger Durchfall. Leibschmerzen usw. – Sofort den Arzt rufen, sofort ins Krankenhaus!
Genesung: nach 2–3 Tagen. Bei Kindern sind schon Todesfälle vorgekommen.
Verwechslung mit Egerlingen, mit der Nebelkappe, Nr. 45.

Tigerritterling, *Tricholoma pardinum Quél.*, Nr. 39.
Der Tigerritterling, Nr. 39, zeigt ein dem Riesenrötling ähnliches Krankheitsbild, er ist besonders gefährlich für Herzkranke.
Kahler Krempling, *Paxillus involutus (Batsch) Fr.*, Nr. 17.
Reaktionen: Der Kahle Krempling enthält Stoffe, die im Organismus des Menschen spezifische Antikörper bilden, und nach irgendeiner Kremplingsmahlzeit treten dann die wie eine Pilzvergiftung wirkenden Reaktionen auf.
Anzeichen: Durchfälle, Atemnot, Blaufärbung der Lippen, Blutfarbstoff im Harn, Gelbsucht, Schwäche, Bewußtlosigkeit; kann tödlich sein. – Sofort den Arzt rufen, sofort ins Krankenhaus!
Bemerkung: Daß der Kahle Krempling roh schwer giftig ist, war schon sehr lange bekannt.
Verwechslung: Keine. Wurde bisher scharf gebraten oder gut gekocht von vielen Pilzliebhabern gegessen und war weit bekannt.
Ziegelroter Risspilz, *Inocybe patouillardii (Bres.)*, Nr. 60 (ein großer Teil aller Rißpilze!).
Gift: Muscarin in erheblichen Mengen (400 mal soviel wie beim Fliegenpilz!). *Latenzzeit:* 15–30 Minuten.
Anzeichen: Leibschmerzen, Schüttelfröste, Schweißausbruch, Tränenfluß, Gesichtsrötung, Sehstörungen, Pupillenverengung; das Bewußtsein bleibt erhalten! – Sofort zum Erbrechen reizen und den Arzt rufen!
Wirkung: Verlangsamung der Herztätigkeit, Blutkreislauf; Tod durch Atemstillstand oder Herzlähmung.
Bemerkung: Der *Feldtrichterling,* Nr. 49, *Rinnigbereifter Trichterling* bei Nr. 49; auch andere weiße Trichterlinge zeigen dasselbe Krankheitsbild.
Verwechslung mit Egerlingen, mit dem Maipilz, Nr. 34.
Bemerkung: Der ziegelrote Rißpilz erscheint oft in »Parkanlagen« in Massen und wird dann (sogar korbweise) vorgelegt mit der Frage: Kann man diesen Champignon (Egerling) essen? Äußerste Vorsicht in Parkanlagen und Anlagen beim Pilzsammeln!
Satanspilz, *Boletus satanas (Lenz)*, Nr. 9, ruft schwere Magen- und Darmstörungen hervor, führt zu Erbrechen, Durchfall und Schwäche, die oft einige Tage anhalten! Auch hier sollte man einen Arzt rufen.
Verwechslung mit den Hexenröhrlingen möglich.
Als weitere Giftpilze oder giftverdächtige Pilze gelten:
Der Schönfuss-Röhrling, Nr. 12, der Ölbaumtrichterling, der Gelbe Knollenblätterpilz, der Porphyrwulstling, der Kartoffelbovist, Nr. 105, und die Blasse Koralle, Nr. 101.
Von Todesfällen durch den Grünblättrigen Schwefelkopf wurde berichtet. Daß der Hallimasch, Nr. 54, roh giftig ist oder die Nebel-

KAPPE, Nr. 45, öfters nicht vertragen wird, ist bekannt. Genauso bekannt ist, daß einzelne Personen *allergisch* reagieren auf den Genuß von Steinpilzen, Pfifferlingen, Morcheln usw. Über leichte Vergiftungen mit SAFTLINGEN *(Hygrocybe)* wurde in den letzten Jahren berichtet. Auch die FÄLBLINGE (*Hebeloma*-Arten) gelten als ungenießbar, einige Arten sogar als schwach giftig.

Alkohol und Pilze vertragen sich nicht gerade bestens bei TINTLINGEN, insbesondere beim KNOTENTINTLING und dem NETZSTICHIGEN HEXENRÖHRLING kann der Alkohol zu sehr arteigenen Vergiftungen führen.

Bis auf wenige Ausnahmen, die auch als zweifelhaft gelten müssen, sollte man keine rohen Pilze essen. Die scharfen und bitteren TÄUBLINGE rufen Darmstörungen hervor, dasselbe wird auch einigen RITTERLINGEN nachgesagt. Die SCHARFEN MILCHLINGE bedürfen einer Vorbehandlung; wässern und wegschütten des ersten Kochwassers, der GRUBIGE MILCHLING, *Lactarius scrobiculatus* (Scop. ex Fr.) Fr., gilt als leicht giftig. Bei den SCHLEIERLINGEN sollte man Experimente unterlassen, s. beim ORANGEFUCHSIGEN SCHLEIERLING. Daß Pilze auch erhebliche Mengen von Unkrautvergiftungsmittel (auch andere Spritzmittel) usw. enthalten können, wird immer wieder betont, also Vorsicht in Wäldern, in denen gespritzt wird.

Trotz all der Giftpilze oder zweifelhaften Speisepilze bleibt dem, der lernen will, aber bitte nicht nur wegen des Speisewertes, noch ein Leben lang Arbeit und Freude mit den Pilzen.

Bemerkung: Weitere Hinweise bei den Pilzbeschreibungen.

Entgiftung?

Wenn auch erfahrungsgemäß Essig, Kochsalz oder eine Prise Natron eine gewisse Entgiftung leicht giftiger oder schlecht verdaulicher Pilze bewirken (Caesar 1918), so ist es doch ratsam, darauf nicht allzuviel zu vertrauen und insbesondere die beliebten Pilzsalate, wozu sich alle besseren Speisepilze, namentlich die milden Täublinge, vorzüglich eignen, nur nach vorherigem genügendem *Abkochen* oder gut durchgedünstet, anzurichten. Wirkliche Giftpilze, namentlich die tödlich giftigen Knollenblätterpilze sowie die gefährlichen Pantherpilze und Rißpilzarten, lassen sich allerdings weder mit Natron noch mit sonst einen Zusatz, selbst nicht durch längeres Abkochen und Entfernen des Kochwassers, entgiften!

Die schlimmsten und tödlichen *Pilzgifte* sind leider auch *kochfest* oder *hitzebeständig* und *wasserfest* und weder durch längeres *Trocknen* noch durch eine sonstige Maßnahme zu beseitigen. *Ihnen gegenüber ist wohl kein Mensch auf die Dauer giftfest oder immun!*

Rohe Pilze

Manche schmackhaften, gekocht ganz unschädlichen Pilze sind in rohem oder halbrohem Zustande meist nicht bekömmlich oder möglicherweise *giftig.* Viele Speisepilze, hauptsächlich alle Morcheln, Lorcheln und Becherlinge, ferner alle Korallenpilze und schließlich alle Hexenröhrlinge, sind bei rascher und ungenügender Erhitzung, als sogenannte Pfannensachen, immer noch *möglicherweise gesundheitsschädlich.*

Rohköstlern kann man also Pilze nur mit stärksten *Vorbehalten* empfehlen. Schon die *Steinpilze* können gelegentlich, roh genossen, unangenehm wirken. Am ehesten kann man in rohem Zustande nur noch *Milchbrätlinge,* Nr. 70, sowie *Speisetäubling,* Nr. 78, und *Frauentäubling,* Nr. 79 – aber auch diese nur in kleinen Mengen, wie sie zur Sättigung nicht ausreichen –, als eßbar ansehen. Die große Mehrzahl aller eßbaren Pilze dürfte *roh,* wenn auch nicht immer giftig, weder wohlschmeckend noch bekömmlich sein. Auch beste Pilze sind *nur in allerbester Zubereitung* und genügender Aufschließung eine leichtverdauliche Kost.

Unechte Pilzvergiftungen

Nicht nur giftige Pilze können eine Krankheit nach Pilzgenuß bewirken. Unkenntnis der richtigen Zubereitung, Unachtsamkeit und grobes Vernachlässigen der einfachen Reinlichkeit verursachen Verdauungsstörungen, die gern als »Pilzvergiftungen« gedeutet und in der Statistik auch als solche geführt werden, aber keine echten Pilzvergiftungen sind und auch bei anderen Speisen vorkommen. Natürlich können große Brocken oder gar ganze Pilze, schnell und unzerkaut hinuntergeschlungen, und übergroße Mengen an sich harmloser Pilze selbst einem »Saumagen« zu schaffen machen. Alte, nasse und schmutzig eingesammelte oder unsachgemäß aufbewahrte *Pilze verderben rasch* und werden unappetitlich, ja gesundheitsschädlich, schon ehe sie sich durch üblen Geruch auffallend kennzeichnen. Sie betragen alljährlich einen großen Prozentsatz aller Pilzvergiftungen. Wer etwa schon von Fäulnis befallene, verschimmelte oder ganz von Fliegen- und Käferlarven durchsetzte Pilze noch für eßbar hält, setzt sich und die Seinen recht dummerweise einer gewöhnlichen Ptomaïn-(Fäulnis-)Vergiftung aus, die mit einer allenfalls entschuldbaren Verwechslung ähnlicher Pilze nichts mehr zu tun hat, sondern *Genuß verdorbener Nahrungsmittel* heißen sollte.

Aufgewärmte Pilze können erfahrungsgemäß am gleichen Tage, auch noch tags darauf, unbedenklich gegessen werden, wenn sie inzwischen ausreichend *frischgehalten* worden sind. Nach mehrtägiger Aufbewahrung ist ihr Genuß nicht mehr erlaubt. Man kann sie dann nur noch wegschütten.

Gefrorene Pilze, also gewöhnlich *Spätherbstpilze,* die schon einen kräftigen Frost aushalten, sowie *Winterpilze,* die noch unter dem Schnee ausdauern und beim Eintreten milderer Witterung sogar wieder weiterwachsen können, dürfen ohne Bedenken genossen werden, wenn sie nach dem Auftauen noch *frisch,* das heißt nicht erschlafft und zusammengefallen sind. Andernfalls sind sie schon verdorben und dann gesundheitsschädlich.

Solche *Spätherbst- und Winterpilze* sind namentlich:

- der Frostrasling oder Erdsimmerling, *Lyophyllum fumosum (Pers. ex Fr.) Kühn. & Romagn. ex Orton*
- der Frostschneckling, *Hygrophorus hypotheyus, (Fr.) Fr.*
- der Rauchgraublätterige Schwefelkopf, Nr. 57
- die Lackbläulinge, Nr. 44
- der Maskenritterling, bei Nr. 42
- der Erdritterling, Nr. 40
- der Schwarzfaserige Ritterling, Nr. 35
- der Butterrübling, *Collybia butyracea (Bull. ex Fr.) Quél.* sowie dessen graue Abart, *var. asema,* der Horngraue Rübling
- der Winterpilz oder Samtfußrübling, Nr. 55
- der Austernpilz oder Austernseitling, *Pleurotus ostreatus (Jacq. ex Fr.)* Kummer

und einige andere, die zwischen Moos und Heidekraut ausdauern können.

Dank der jahrzehntelangen Aufklärungsarbeit der Pilzvereine und anderer naturwissenschaftlicher Gesellschaften in ihren Zeitschriften, Vorträgen, Lehrwanderungen, Pilzausstellungen und in den Pilzberatungsstellen ist es gelungen, eine gewisse bescheidene Pilzkenntnis in weitere Volkskreise hinauszutragen, so daß die Zahl der tödlich verlaufenen Vergiftungsfälle nach Pilzgenuß schon im Zurückweichen ist. Dem zunehmenden Verkehrstod gegenüber erscheint die *Pilzgefahr* fast geringfügig. Aber noch immer bringen gute Pilzjahre auch ein Hochschnellen der Pilzerkrankungen. *Schuld* daran sind in den schlimmsten Fällen unglaublicher *Leichtsinn* und sträflicher *Übermut* oder jene *Trägheit,* die zu denken oder auch nur zu fragen zu *faul* ist.

Solche Leute finden selten oder niemals in einen Vortrag oder in eine Beratungsstelle. Aber bei jeder Exkursion oder in den Beratungsstellen finden sich auch *Sprüchemacher* ein, die sich überlaut wichtig machen, den Leiter mit dummen und dreisten Fragen belästigen und die pure Weisheit mit Löffeln, wenn nicht gar Fliegenpilze und Knollenblätterpilze mit der Schöpfkelle gefressen haben wollen. Riskieren und probieren solche Windbeutel wirklich einmal etwas, so schaden sie nur sich selbst. Indem sie sich jedoch öffentlich als Kenner aufspielen und mit ihrem Mut brüsten, verleiten sie schlichte, vertrauensselige Menschen, denen sie durch ihre Keckheit imponieren, zu unverantwortlichen Torheiten; stets verstehen sie es zudem, rechtzeitig zu verduften. Ein erfahrener Pilzberater packt solche Gesellen scharf an und weist sie sofort und unerbittlich aus dem Kreise der Gutwilligen, die etwas lernen möchten. *Pilzesammeln* scheint das harmloseste Vergnügen, ist aber unwissenden oder leichtsinnigen Leuten ebenso *gefährlich* wie etwa die Jagd auf wehrhaftes Großwild einem mangelhaft oder gar nicht Bewaffneten!

Pilze als Nahrungsmittel

Die Bedeutung der Pilze für unsere Ernährung beruht auf ihrem Wert als gehaltvolle *Zusatznahrung.* Die Pilze sind Lieferanten von wertvollem Eiweiß, von Kohlehydraten, lebenswichtigen Salzen und Vitaminen. Ihr Nährwert steht ungefähr zwischen Fleisch und Gemüse, gleicht aber mindestens dem der besten Gemüse; deshalb sind sie sehr geeignet zur Ergänzung eiweißarmer pflanzlicher Kost, wie der Kartoffel- und Getreidenahrung anstelle von Fleisch. Auch in diesem Sinne heißen sie mit vollem Recht »das Fleisch des Waldes«, dazu kommt noch ihre bedeutende *Würzkraft.*

Die *Geschmackswerte* der Pilze sind so hoch und dabei so verschieden, als der anspruchsvollste Gaumen irgend wünschen mag. Das war den Menschen wohl schon früh, mindestens aber bereits im geschichtlichen Altertum bekannt. Pilze wurden schon damals von den Reichen teuer bezahlt, von Fürsten für ihre Hoftafel begehrt, von Dichtern hochgepriesen; sie wurden auf den Märkten gehandelt und von den Kennern höher als Gold und Ehren geschätzt. Für die *Trüffelsuche* galt ein eigenes *Jagdrecht* und wurden Hunde, Schweine und Bären abgerichtet. Bessere Pilze, sogenannte *»Herrenpilze«*, mußten noch im Mittelalter als regelmäßige Abgabe den Fürsten und adeligen Herren abgeliefert werden. Erst viel später, als die Kenntnis der Gift- und Speisepilze fast völlig verlorengegangen war und von Botanikern und wenigen interessierten Ärzten wiederentdeckt werden mußte, galten sie geringschätzig als Armleute-Fleisch.

Zusammensetzung und Nährwert von Frischpilzen nach Bötticher (König), 1950

Pilzart	Wasser %	Stickstoffsubstanz %	Fett %	Kohlehydrate %	Rohfaser %	Asche %	Kalorien in 100 g Substanz
Champignon	89,70	4,88	0,20	3,57	0,83	0,82	26
Pfifferling	91,42	2,64	0,43	3,81	0,96	0,74	21
Reizker	88,77	3,08	0,76	3,09	3,63	0,67	22
Nelkenschwindling	83,37	6,83	0,67	6,06	1,52	1,55	41
Steinpilz	87,13	5,39	0,40	5,12	1,01	0,95	33
Butterpilz	92,63	1,48	0,27	3,95	1,22	0,45	17
Schafeuter	91,63	0,96	0,58	4,27	1,80	0,76	18
Semmelstoppelpilz	92,68	1,79	0,34	3,47	1,03	0,69	17
Speisemorchel	89,95	3,28	0,43	4,50	0,84	1,01	25
Trüffel	77,06	7,57	0,51	6,58	6,36	1,92	44

Diese Zusammensetzung kann je nach Standort und Entwicklungsstufe größere Unterschiede aufweisen. Die Analysenwerte der hier zugrundeliegenden Tabelle sind älteren Datums. Damals wurden vermutlich Lamellen und Röhren der Pilze, gerade die eiweißreichsten Teile, entfernt. Hauptnährstoff der Pilze ist das Eiweiß.

Heutzutage wiederum werden Steinpilz und Pfifferling zum Preis vom teuersten Fleisch gehandelt, wobei für diese Preise, trotz scharfer Kontrollen, nicht immer die beste und frischeste Ware geliefert wird. Besonders großer Unfug wird mit sogenannten frischen Pfifferlingen getrieben, die sogar schon am Morgen, vor Marktöffnung, wieder gegossen werden, um ja frisch zu erscheinen. Pfifferlinge, die zum Verkauf angeboten werden und schon einen glasigen, bräunlichen Rand haben, können nicht frisch sein. Das wertvollste an den Pilzen, was meist übersehen wird, ist doch die Bewegung in der freien Natur beim Sammeln!

General Lettow-Vobeck, 1918 in Ostafrika völlig umzingelt und zur Aushungerung verurteilt, konnte seine tapfere Truppe mit Pilzen, wahrscheinlich Verwandten unserer Pfifferlinge, Steinpilze und Champignons, als wesentlicher Beihilfe zur Ernährung monatelang gegen erdrückende Übermacht halten. Und Tausende von Kriegsgefangenen in den sibirischen Steppen und Wäldern verdanken den Pilzen Leben und Gesundheit.

Wer Pilze gar nicht kennt, gleicht einem, der ohne Geschmackssinn ist. Auch wer nur Steinpilz und Pfifferling kennt, ahnt nur erst etwas von den feinschmeckerischen Reizen, wie sie nur intimere Pilzkenntnis genießen läßt. Doch sollen hier zunächst Zahlen und Vergleiche in der nüchternen Statistik der Spezialforscher erkennen lassen, was man von den Pilzen als Nahrungsmittel weiß.

Die Eiweißstoffe der Pilze gelten als schwer verdaulich und sind es auch, wenn die Pilze schlecht zubereitet und ungenügend zerkleinert werden; bei richtiger Aufschließung infolge zweckmäßiger Zurichtung sind sie durchschnittlich zu 70 bis 80 Prozent gut verdaulich. Das beweist die nächste Tabelle:

Verdaulichkeit des Eiweißes der Frischpilze
nach Bötticher (Lintzel)

Pilzart	Gesamt-eiweiß %	Verdauliches Eiweiß %	Verdaulichkeit %
Champignon	5,94	4,82	88,5
Boviste	5,37	4,00	74,1
Trichterlinge	2,99	2,64	87,7
Milchlinge	2,18	1,71	78,2
Keulenpilze	2,69	2,10	79,2
Pfifferlinge	1,87	1,38	72,2
Röhrlinge außer Steinpilz	1,74	1,38	77,9
Ritterlinge	1,60	1,08	70,0

Danach sind Champignons und Boviste mit über 5 Prozent Gesamteiweiß als ausgesprochen *eiweißreich* anzusprechen. Röhrlinge, Ritterlinge und Pfifferlinge sind dagegen ausgesprochen *eiweißarm,* unter 2 Prozent. Besonders *eiweißreich* ist auch der Parasolpilz (5,6 Prozent). Unter den Röhrlingen ist der eiweißreiche Steinpilz mit 5,39 Prozent eine Ausnahme. Hinsichtlich der *Verdaulichkeit* der Stickstoffsubstanz scheinen die eiweißarmen Pilze zugleich weniger verdaulich zu sein. *Unverdauliche* Restsubstanz ist bei den Pilzen das *Chitin* der Zellmembranen, das in ihnen die bei den übrigen Pflanzen vorhandene Zellulose vertritt, als Anregungsmittel der Darmtätigkeit jedoch auch nicht ganz wertlos ist.

Einen Vergleich des Eiweißgehalts der Pilze mit dem anderer Lebensmittel ermöglicht die Tabelle 3:

Vergleichbare Eiweißwerte der Trockensubstanz nach Bötticher (Lintzel)

Lebensmittel	Gesamteiweiß in der Trockenmasse %	Verdauliches Eiweiß in der Trockenmasse %
Fleisch	83,7	82,8
Champignon (ähnlich Steinpilz und Parasolpilz)	51,9	45,9
Boviste	48,5	35,8
Trichterlinge	32,9	28,8
Spinat	34,5	25,0
Hülsenfrüchte	26,3	23,4
Keulenpilze	27,7	21,9
Milchlinge	26,1	20,4
Ritterlinge	24,3	17,0
Pfifferlinge	22,8	16,6
Röhrlinge (außer Steinpilz)	20,0	15,6
Roggenbrot	10,7	9,0
Kartoffeln	8,0	7,3

Beträchtlich ist der Gehalt der Pilze an *Kohlehydraten,* vor allem an den *Zuckerarten* Mannit und Trehalose. Ihr *Fettgehalt* dagegen ist gering und für den Nährwert ohne Bedeutung. Verhältnismäßig hoch ist ihr Gehalt an gärungsfördernden *Fermenten,* ferner an lebenswichtigen *Mineralstoffen,* vor allem Kali und Phosphorsäure, Mangan und Eisen, sowie an basischen Bestandteilen. Sehr reich sind die Pilze schließlich an dem antirachitischen *Vitamin* D und an *Vitamin* B_1 und B_2, teilweise auch an *Vitaminen* A und C.

Zusammenfassung: Wir haben nun sehr ausführlich von der Bedeutung der Pilze für die Ernährung gesprochen. Es wurde aber auch schon mehrfach betont, daß Pilze als Rohkost, mit wenigen Ausnahmen und diese nur in geringen Mengen, völlig ungeeignet sind. Daß man in »Notzeiten« jeden Tag Kartoffeln, mit nur wenig Salz, essen kann, wurde im Lauf der letzten 200 Jahre des öfteren praktiziert. Ohne den Wert der Pilze schmälern zu wollen, stelle ich die Frage: Wie viele Pilzfreunde, von anderen Personen ganz zu schweigen, möchten jeden Tag nur Pilze mit etwas Salz essen (selbst in Notzeiten)? Am besten trifft wohl das Wort »Zusatznahrung« den Speisewert der Pilze.

Schließlich mag folgende Tabelle einen Vergleich der Zusammensetzung und des Nährwerts der Pilze mit dem einiger anderer Lebensmittel geben:

Zusammensetzung und Nährwert von Pilzen und anderen Lebensmitteln nach Bötticher

Lebensmittel	Wasser %	Stick-stoff-substanz %	Fett %	Kohle-hydrate %	Roh-faser %	Mineral-stoffe %	Kalorien in 100 g Substanz
Steinpilz, frisch	87,0	5,4	0,4	5,2	1,0	1,0	34
Champignon, frisch	90,0	4,8	0,2	3,5	0,8	0,8	28
Pfifferling, frisch	91,5	2,6	0,8	3,5	1,0	0,7	23
Steinpilz, getrocknet	12,8	36,7	2,7	34,5	6,9	6,4	221
Kartoffel	74,9	2,0	0,1	20,9	1,0	1,1	91
Möhre	86,8	1,2	0,3	9,0	1,7	1,0	34
Weißkohl	92,1	1,5	0,1	4,2	1,2	1,9	24
Spinat	93,4	2,2	0,3	1,7	0,5	1,9	25
Spargel	95,4	1,6	0,1	1,7	0,6	0,6	17
Gurken	95,2	1,2	0,1	2,3	0,8	0,4	8
Apfel	84,8	0,4	–	12,9	1,5	0,5	58
Birne	83,0	0,4	–	12,0	4,3	0,3	56
Rosine	32,0	2,4	0,6	62,0	1,7	1,2	277
Roggenbrot	42,3	6,1	0,4	49,3	0,5	1,5	227
Weizenbrot	35,6	7,1	0,5	56,6	0,3	1,1	255
Milch	87,2	3,5	3,7	4,8	–	0,7	62
Butter	13,6	0,7	84,4	0,6	–	0,7	752
Ei	73,7	12,5	12,1	0,5	–	1,1	152
Rindfleisch	72,0	21,0	5,5	0,5	–	1,0	141
Kalbfleisch	72,3	19,0	7,5	0,1	–	1,4	140
Schweinefleisch	47,5	14,5	37,3	–	–	0,7	380
Leber	71,5	20,0	3,5	3,5	–	1,5	119
Hase	74,1	23,4	1,1	0,2	–	1,2	91
Schellfisch	81,5	16,9	0,3	–	–	1,2	70
Hering	46,2	18,9	16,9	1,6	–	1,4	167

Pilze als Tierfutter

Nach allem, was über den Nährwert der Pilze gesagt worden ist, erübrigt es sich, ihren Nutzen auch für Viehhaltung und Fischzucht besonders zu betonen. Es sei nur daran erinnert, daß nach Raebigers vieljährigen grundlegenden Forschungen und praktischen Versuchen die zusätzliche Pilznahrung für das Vieh neben Weidehütung und Stallfütterung ein vollwertiges Futtermittel darstellt. Und der Pilzforscher Dr. Bötticher hat den Tierhaltern nützliche Winke gegeben, wie sie dadurch zeitweiliger Futtermittelknappheit abhelfen können. Mit Ausnahme der stärksten Giftpilze, die nur von den Schweinen noch gut vertragen werden, können alle häufiger vorkommenden Pilzarten waldreicher Gebiete und aller Pilzabfall aus den dortigen Betrieben zur Verfütterung verwendet werden; sie sind, besonders getrocknet und zu Pilzpulver zermahlen, in Mischung mit anderer mehliger oder flüssiger Zusatznahrung eine willkommene, gänzlich unschädliche Abwechslung im Futtertrog unserer Haustiere. Da der Bauer wenig Zeit hat, selber Pilze zu suchen und zu verarbeiten, kann er sie heute schon von den Konservenfabriken bequem, gebrauchsfertig und billig beziehen.

Pilzkonserven für den Hausgebrauch

Was vom Pilzesammeln übriggeblieben ist, die Pilze also, die für den Frischverbrauch in der Küche nicht mehr benötigt worden sind, werden zweckmäßig haltbar gemacht, und zwar durch Trocknen, Herstellen von Extrakten, Einsalzen, Silieren, Einlegen in Essig, Sterilisieren oder Einfrieren. Erfahrene Hausfrauen brauchen dazu wohl nur noch einige Winke, die das eigenartige Material betreffen und darum nicht ohne Bedeutung sind.

Die *Pilztrocknung* als die einfachste Weise der Haltbarmachung ist auch in bezug auf die Erhaltung der Nährwerte die beste, weil ihr Ergebnis das kalorienreichste ist. Bei beständigem gutem Wetter, im Sommer oder an warmen Herbsttagen, geschieht die Haustrocknung der sauber geputzten und gleichmäßig weder zu dick noch zu dünn geschnitzelten Pilze in Luft und Sonne. Natürlich ist hierbei die Beobachtung des Himmels und ein häufiges Umwenden der Schnitzel notwendig. Bei länger dauernder nasser Witterung tritt anstelle des Trocknens im Freien die raschere Trocknung in Backöfen oder auf Kochherden. Dann bedarf es dafür einer *Vorrichtung* oder eines *Gestells* zur Anbringung von Horden, am besten aus gutverzinkten, großmaschigen Drahtnetzen. Bei künstlicher Trocknung ist bei gleichmäßiger Wärme, nicht über 60°, für ausreichenden »*Luftdurchzug*« zu sorgen. Denn die Pilze sollen nicht schmoren und zusammenkleben, sondern gleichmäßig trocken werden. *Essenkochen und Trocknen zugleich verträgt sich nicht,* weil dann die Kochdämpfe verderben, was die rasche Wärme gut gemacht hat; das Trockengut wird schmierig oder bleibt feucht und beginnt bald zu schimmeln. Die Schnitzel sind öfter umzuschütteln.

Trocken genug sind die Pilze dann erst, wenn sie rappeldürr sind und sich leicht zwischen den Fingern zerreiben lassen; andernfalls müssen sie nochmals nachgetrocknet werden. Um Platz zu gewinnen und die Trocknung möglichst vieler Pilze gleichzeitig möglich zu machen, stellt man einige Horden luftig übereinander, immer nur so nahe, daß ausreichend Luft hindurchstreichen kann. Solche Horden oder Holzgestelle kann man kaufen, sich herstellen lassen oder bei handwerklicher Geschicklichkeit und Neigung auch selber basteln. Es empfiehlt sich, schon gleich im Anschluß an die Trocknung wenigstens teilweise auch *Pilzpulver* zu machen, indem man die bruchtrockenen Pilze in einem Mörser mehlfein zerstampft oder in einer Gewürzmühle oder Küchenmaschine staubfein zermahlt. Die Produkte, seien es nun Trockenschnitzel oder Pilzpulver, verwahre man alsbald in gutschließenden *»Deckelgläsern«!* Bei der Aufbewahrung in Papiertüten oder Leinensäckchen besteht immer die Gefahr, daß sie wiederum Luftfeuchtigkeit anziehen und dann schnell verschimmeln. Verschimmelte, verstaubte oder von Staubläusen und Pilzfliegen angegriffene Pilzschnitzel und Pilzpulver sind unbrauchbar, ja gesundheitsschädlich.

Pilzextrakt wird hergestellt entweder durch Auspressen der Frischpilze mit einer Obstpresse oder am einfachsten durch mehrmaliges Aufkochen der geputzten und dünn aufgeschnittenen Pilze. Die daraus gewonnenen flüssigen Auszüge oder Pilzsäfte werden durch ein sauberes Tuch geseiht, mit Zimt, Pfefferkörnern, Lorbeerblättern, Gewürznelken und Salzzusatz (50 Gramm auf 1 Liter Pilze) bis zu Sirupdicke eingedampft, dann in Flaschen gefüllt, gut verschlossen und kühl aufbewahrt.

Einsalzen kann man die gewaschenen und angekochten oder auch trockenen Pilze durch schichtweises Einstreuen von Pilzen und Salz in genügend großen Krügen oder Fässern. Zweckmäßig löst man die Salzmenge in etwas Wasser auf und erzielt somit ein gleichmäßigeres Salzen. Das Pilzgut muß dann mit Holzdeckel und Stein beschwert werden. Dabei bildet sich Lake, die stets über dem Holzdeckel stehen muß. Krüge und Fäßchen sind bei kühler Raumtemperatur von 1° bis 5° Celsius luftig zu lagern. Ein Salzgehalt von 5 bis 8, höchstens 10 Prozent auf die Gesamtmasse genügt zur Haltbarmachung. Dann ist es bei späterem Verbrauch nicht notwendig, lange zu wässern und mit dem Kochsalz auch die Nährsalze zu entziehen. Man zieht halt beim Kochen die schon vorhandene Salzung in Betracht.

Silierung oder Silage ist das biologische Einsäuern unter Milchsäuregärung und entspricht ungefähr der Herstellung von Sauerkraut aus Weißkraut. Die Silierung wird heute kaum noch im Haushalt angewandt.

Will man *Essigpilze* haben, so muß man die Pilze vor dem Einlegen 10 bis 15 Minuten abkochen. Scharfschmeckende Arten wässere man vorher. Dann läßt man die Pilze auskühlen und legt sie in guten Weinessig, dem man Gewürzzusätze, wie Salz, Pfefferkörner, Lorbeer, Zimt, Gewürznelken, Piment, Estragon, Wacholderbeeren und Zwiebeln beimengt, eventuell auch etwas Zitronensäure. Durch Einstellen in kaltes Wasser läßt man die Gefäße vollends abkühlen.

Das *Sterilisieren* und *Einwecken* schließlich ist allen Hausfrauen hinlänglich bekannt und braucht deshalb hier nicht beschrieben werden. Doch empfiehlt es sich erfahrungsgemäß, eventuell nochmals nachzusterilisieren.

Das *Einfrieren* der Pilze verbreitet sich immer mehr. Am besten geeignet sind zu diesem Verfahren festfleischige Pilze. Die frischen, sauber geputzten, geteilten oder geschnittenen Pilze, *Beste Ware*, werden vor dem Einfrieren ca. 5 Minuten in kochendem Wasser blanchiert. Die so vorbereiteten Pilze werden in Portionsbeutel gegeben, bei 30–40°C eingefroren und bei ca. 20°C aufbewahrt. Aufgetaute Pilze sofort verbrauchen, »besonders den Geruch prüfen«. Nochmaliges Einfrieren ist lebensgefährlich. Die Lagerzeit sollte *höchstens* 5–6 Monate betragen, nach Literatur.

Pilzhandel und Marktordnung

Die Natur bietet uns alljährlich in den großen Waldgebieten unserer Heimat in Gestalt der Pilze fast umsonst riesige Mengen von wohlschmeckenden Nahrungsmitteln an. Die Gefahren des wilden Handels mit Waldprodukten, besonders mit Beeren und Pilzen, und der Mißbrauch, der dabei getrieben worden ist, haben zwangsläufig zur öffentlichen Regelung des Handelsverkehrs auch mit diesen Waren durch eine Marktordnung geführt; verbunden damit ist die hygienische Kontrolle und Überwachung des Warenangebotes, vor allem für die als Lebensmittelreserve wichtigen Speisepilze. Alle größeren Städte haben sich eine solche Marktordnung in mehr oder minder erreichter Vollkommenheit geschaffen.

Der Verkauf von Speisepilzen im Umherziehen von Haus zu Haus, im *Hausierhandel,* ist allgemein zu verbieten. Als *Marktpilz* kann nur anerkannt werden, was auch durch Transport und mehrtägige Lagerung noch nicht unansehnlich wird oder gar verdirbt. Die Zahl der wirklichen Marktpilze vermindert sich damit auf verhältnismäßig wenige, von den Händlern leicht erkennbare und zu merkende, von der Marktaufsicht aber schnell kontrollierbare Pilze. Die hohe Zahl der beispielsweise von der Schweizer Marktordnung zugelassenen Pilzarten

ist nur möglich, wenn gleichzeitig ein scharfe, von Pilzvereinen und Botanikern tatsächlich ausgeübte *Kontrolle* Gewähr für genügende Sicherheit gibt.
Dem einzelnen Pilzliebhaber steht es natürlich völlig frei, zu sammeln und zu genießen, was ihm schmeckt, ohne schädlich zu werden. Dennoch soll auch er sich selbst durch Erweiterung seiner Pilzkenntnisse genug Sicherheit schaffen, um gegen die möglichen Gefahren aus seiner Liebhaberei geschützt zu sein. Für die Herstellung von Pilzdauerwaren und für den Handelsverkehr mit ihnen gelten heute »Qualitätsnormen und Deklarationsvorschriften«.

Die Zubereitung der Pilze

Den zahlreichen *Pilzkochbüchern,* die teilweise deutlich nach landschaftlichen, nach nord- oder süddeutschen, west- oder ostdeutschen Geschmacksrichtungen auseinandergehen, soll hier kein weiteres hinzugefügt werden. Aber einige grundsätzliche nützliche Hinweise auf die notwendigsten Vorbereitungen sowie für die vorteilhaftesten Verwendungsarten und Zubereitungsweisen dürfen in einem volkstümlichen Pilzbuch, das sich weitere Verbreitung wünscht, nicht vollständig fehlen. Im einzelnen wird jede tüchtige Hausfrau mit eigener Küchenerfahrung unzählige Mittel finden, unseren Lieblingen die verborgensten Geschmackseigentümlichkeiten zu entlocken und sie nicht nur als Magenfüllsel, sondern als begehrte Leckerbissen anzurichten.
Die schon vorgeputzten und von groben Verunreinigungen befreiten Pilze werden zunächst halbiert und von den etwa im Innern verbliebenen Fremdkörpern, Sand, Nadeln oder Laub, sowie von verborgenen Insektengästen vollends gereinigt. Über Nacht madig gewordene Stücke müssen bei starkem Befall natürlich ganz entfernt, wenig angegriffene sorgfältig ausgeschnitten werden. Derbe und zähe Stiele lasse man ganz weg, sofern man sie nicht doch für Extrakt oder Pilzpulver verarbeiten will. Die Haut wird nur dann abgezogen, wenn sie schleimig, hart oder lederigzäh ist. Nötigenfalls schält man sie möglichst dünn ab, da die *Huthaut* die meisten Mineralstoffe enthält. Lamellen, Röhren und Stacheln, volkstümlich als Futter oder Moos bezeichnet, sollen nicht entfernt werden, außer wenn sie zu sehr zerquetscht, unansehnlich oder unappetitlich geworden sind, da sie die nährstoffreichsten Teile des Pilzkörpers sind; in altmodischen, sonst vortrefflichen Kochbüchern, wie in Marie Buchmeiers »Pilz- oder Schwammerlkochbuch« (Regensburg, ohne Jahresangabe), war ihre Entfernung unnötigerweise noch vorgeschrieben. Die geputzten Pilze werden im Sieb schnell durch-

gewaschen (*Boviste nicht abwaschen,* sondern nur abschälen!); dann läßt man sie abtropfen und zerschneidet sie in möglichst dünne, kleine Scheibchen. Derbfleischige Pilze werden gewiegt oder durch den Fleischwolf getrieben. Auf jeden Fall ist ausreichendes Zerkleinern sehr wichtig, sowohl wegen der besseren Verdaulichkeit als auch zur völligen geschmacklichen Aufschließung der Pilze. Besonders *beißfreudige* Feinschmecker lieben derbere Stücke, sollten sich aber vor Augen halten, daß sie auch sorgfältiger *kauen* müssen, wenn sie nicht Schaden nehmen wollen – bei Rettichen ist es nicht anders! Das gleiche gilt für die beliebte Zurichtung von größeren Pilzen nach Art von Wiener Schnitzeln, also in großen Scheiben, die mit Ei sowie Semmelbröseln oder Mehl ausgebacken, gebraten oder als Omelette-Inhalt im ganzen zubereitet werden. Mancher Tischgast wird staunen, wenn er hört, daß dies ein Pilzgericht ist!

Als Kochgeschirr für die Pilzküche verwende man nur gute, fest emaillierte, keinesfalls aber Aluminium-, eiserne oder kupferne Töpfe und Pfannen. Eisen- und Kupfergeschirr vermindert nicht nur den Wohlgeschmack und das schöne Ansehen der Speise, sondern kann durch die Bildung giftiger Metallverbindungen sogar gesundheitsschädlich wirken. Da die Pilze sehr viel Wasser enthalten, setze man sie ohne Wasser, mit Butter oder feinem Fett, an mäßiges Feuer und schmore sie bei kleinem Feuer unter Zusatz von Zwiebeln, Petersilie oder anderen Würzkräutern sowie möglichst wenig Salz und Pfeffer eine gute Viertelstunde lang. Nach Bedarf und Neigung stäube man alsdann und gieße Bratensoße, Wein oder Fleischsuppe dazu oder verrühre sie mit Eiern. Liebt man aber sauer und pikant, so rühre man Einbrenne (Mehlschwitze), Essig und Kümmel dazu und koche sie vollends gar. Will man den feinen Eigengeschmack besonders ausgesuchter Pilze bewahren, so sei man vorsichtig mit dem Gebrauch grober Würzen! Die Verdaulichkeit fördert man mit gutem Erfolg durch Zusatz einer Messerspitze von doppelkohlensaurem Natron.

Fertige Pilzgerichte bei warmem Wetter aufzubewahren ist nicht ratsam. Aber gut kühlgestellte Speisen kann man ohne Bedenklichkeit zu baldigem Genusse nochmal aufwärmen. Salat aus Pilzen kann sehr schmackhaft und durchaus bekömmlich sein. Aber er bleibt bedenklich, wenn er mit rohen Pilzen zubereitet wird. Selbst die harmlosesten Täublinge können sich ungekocht tückischer Verdauungsstörungen schuldig machen. Es empfiehlt sich daher immer, sie erst abzukochen, ehe man sie mit allerlei Würzen, worin man unglaublich variieren kann, zu leckeren Salaten anrichtet. Auch dann schmecken sie noch köstlich.

Der ausgezeichnete Wohlgeschmack vieler Pilze zusammen mit schmackhaften Fleischspeisen aller Art ist unendlicher Kombinationen fähig, vom einfachen Nebeneinander auf der Platte bis zu kunstvollen Verbindungen und Mixturen. Aber auch manche langweilige Suppe könnte mit ganz geringem Zusatz von einzelnen Pilzchen, Pilzmehl oder Pilzextrakt auf einmal ganz ausgezeichnet munden, und keine Soße kann etwas verlieren, oft aber eine pikfeine Nuance gewinnen, wenn sie damit abgeschmeckt wird. Noch viel zu wenig bekannt sind die mancherlei Möglichkeiten, bestimmte Pilze zu süßen Speisen zu benützen, obwohl sie durch süßes Gedüft und feine würzige Gerüche geradezu dafür anlocken; auch in Kuchen und Küchlein kann man sie verbacken oder zu Kompotten verwenden. Pilzforschungen solcher Art sind ebenso vergnüglich wie bekömmlich, und jeder Pilzfreund sollte sich solch heiterer Forschung ergeben!

Pilze als Heilmittel

»Nichts ist ohne Gift. Allein die Dosis macht, daß ein Ding kein Gift sei.« Nach diesem Wort des großen Paracelsus sind heute ungezählte Giftpflanzen zu wertvollsten Heilmitteln geworden. Und so lag angesichts der unheilvollen Wirkung der Giftpilze der Gedanke nahe, ihre furchtbare Wirksamkeit für die Heilkunde und auch für ihre eigene Bekämpfung nutzbar zu machen. Die Bemühungen namhafter Chemiker zielen nach Isolierung und Reinherstellung der giftigen Substanzen. Von mehreren Porlingsarten, die man als Feuerschwämme bezeichnet und als Zunder auch benutzt hat, ist der wichtigste der *Echte Zunderschwamm* oder Zunderporling *Fomes fomentarius (L. ex. Fr.) Fr.*, auch Oster-, Blut-, Wundschwamm und Hadersau geheißen. Er wächst als gefährlicher Schmarotzer an Laubbäumen, besonders an Buchen und Birken, und ist vieljährig, bis zu 15 Jahren ausdauernd. Sein Hut ist rauchfarbig, grau bis rußschwarz, halbiert seitlich, dreiseitig oder hufförmig bis halbkreisrund, stiellos angewachsen, unterseits flach, bis 32 cm breit und 16 cm hoch, der Rand stumpf und graubereift oder rotfuchsig. Die Rinde ist dick und hart, entfernt konzentrisch gefurcht, kahl und glanzlos. Die Röhren sind grau, später braun, eng, rundlich und mehrschichtig bis vielgeschichtet. Das »Fleisch« ist rostbraun und weichflockig. Er ist der »Fungus igniarius, Fungus chirurgorum, Agaricus chirurgorum« der alten Arzneibücher, war früh schon hochgeschätzt und wurde je nach Qualität und Aufbereitungsart als Wundschwamm zur Blutstillung auf Wunden gelegt oder zur Feuererzeugung verwendet. Feuerschwämme hat man neben Hausgeräten, Waffen und Nahrungsmittelresten bereits in Pfahlbauten gefunden. Beide Verwendungsarten sind wahrscheinlich uralt.

Zur Aufbereitung wird aus den sehr harthäutigen Pilzen das weichste, lockerste Gewebe herausgeschnitten, gekocht oder in heißem Wasser aufgeweicht und dann mit einer Holzkeule oder einem Holzklöppel geklopft und mit den Händen gerieben, bis es ganz locker und weich wie feines Leder geworden ist. Es bildet den Wundschwamm und ist für kleine Verletzungen immer noch in Gebrauch. Schlechtere Stücke werden in einer Lauge von heißem Wasser oder Urin und Asche gebeizt, abgewaschen, weichgeklopft, dann in Salpeter oder einer Lauge von Salz, Asche und Salpeter wieder eingeweicht und schließlich getrocknet. Solcher Zunder fängt den geringsten Funken aus Feuersteinen und glimmt sehr lange fort. Im Altertum und bei primitiven Völkern war das oft die einzige Art, Feuer zu erzeugen und zu erhalten. Als Kuriosum sei erwähnt, daß diese Pilze wegen ihrer lederartigen Beschaffenheit auch das Material zu Hüten, Mützen und anderen Bekleidungsstücken geliefert haben. Daraus entwickelte sich im Bayerischen und Böhmerwald sogar eine ortsansässige Hausindustrie, die Zundelmacherei, die erst in jüngster Zeit der fortschreitenden Technik weichen mußte und jetzt erloschen ist.
Eines der ältesten Heilmittel aus Pilzen liefert wohl der *Lärchenporling, Apotheker-, Purgier-* oder *Lärchenschwamm Laricifomes officinalis (Vill. ex Fr.) Kotl. & Pouz.* Er wächst auf Lärchenstämmen in Südeuropa, der Schweiz, Südrußland und Sibirien, hat seitlich angewachsene, huf- oder knollenförmige, meistens sehr unförmige, unregelmäßige, bis kopfgroße zusammengewachsene Hüte, die konzentrisch gefurcht und durch gelbliche und bräunliche Zonen bunt sind, und eine harte, rissig abblätternde Haut. Die Röhren sind kurz und sehr eng, gelbbräunlich und nicht geschichtet. Das Fleisch ist weißlich, zähweich, später holzig, aber leicht zerreibbar, riecht mehlig und schmeckt anfangs süßlich, dann intensiv und anhaltend bitter. Der Pilz war schon im Altertum bei Galen, Dioskorides und Plinius erwähnt und sowohl von den Ärzten als auch in der Volksmedizin als drastisches Abführmittel, auch äußerlich als blutstillendes Mittel gleich dem Zunder sehr geschätzt. Außerdem wurde er nach den alten Kräuterbüchern bei chronischen Katarrhen, Brust- und Lungenleiden, gegen die Nachtschweiße bei Tuberkulose, gegen Rheuma, Gicht, Gelbsucht und Wassersucht sowie gegen Eingeweidewürmer vielseitig und erfolgreich angewendet. Er enthält wirksame Harze und Agaricinsäure, die schweißtreibend wirkt, und ist homöopathisch als »Boletus laricis (Agaricus albus)« noch heute gebräuchlich. Das uralte Volksmittel dient auch jetzt noch als Zusatz vieler Bitterliköre und sogenannter Magenschnäpse.
Mehrere andere, der heiligen Hildegard, gestorben als Äbtissin zu Bingen im Jahre 1180, bereits bekannte, als Heilmittel erwähnte Pilze

lassen sich jetzt kaum noch identifizieren. Es mag sich unter andern um *Trametes suaveolens,* die Anis-Tramete, oder unseren berüchtigten Hausschwamm (*Merulius lacrimans*) handeln. Ziemlich sicher jedoch ist aus ihrer Beschreibung erkennbar das *Judasohr, Auriculária auricula (L. ex Fr.) Schroet.,* aus der Familie der Ohrlappenpilze, der »Fungus sambuci« der alten Kräuterbücher, volkstümlich »Hollergrörling«, wie er in Bocks Kräuterbuch von 1551 heißt. Das Judasohr wurde früher vielfach medizinisch angewendet, hauptsächlich zu Umschlägen auf entzündete Augen und zum Gurgeln bei Hals- und Rachenerkrankungen.

Von hoher Bedeutung für die Medizin auch heute noch ist das *Mutterkorn,* Tollkorn oder Hungerkorn, *Claviceps purpurea (Fr.) Tulasne,* ein parasitisch lebender Schlauchpilz. Schon im alten China wird es erwähnt; später fand es auch in Europa, besonders seit Lonitzers Kräuterbuch von 1582, als »Secale cornutum« oder »Fungus secalis« medizinische Verwendung, zur Blutstillung und namentlich in der Geburtshilfe zur Förderung der Wehen und gegen Gebärmutterblutungen. Seiner gefährlichen Nebenwirkungen wegen wird es heute nur noch mit Vorsicht gebraucht. Dem Botaniker ist der Pilz eines der interessantesten Beispiele für den Generationswechsel, der hier in drei hintereinander folgenden Stadien stattfindet. Das fast schwarzviolette, innen weiße, kornähnliche, hornförmig gekrümmte und holzharte Sklerotium (Dauermyzel), das die Fruchtknoten der Roggenähren durchwuchert, ist zur Überwinterung bestimmt, sehr fettreich und enthält die hochgiftigen Alkaloide Ergotin und Cornutin. Mit ungereinigtem Getreide vermahlen und im Brote mitgenossen, das dann zu »Teufelsbrot« wird, erregt das Mutterkorn die gefürchtete Kriebelkrankheit, auch Tollkrankheit oder Ergotismus genannt, die seuchenartig als Massenerkrankung auftreten kann. Dieses »Heilige Feuer« – auch Ignis sacer, göttliches Feuer, Höllenfeuer, Antoniusfeuer genannt – verläuft sehr qualvoll unter Wahnsinnsausbrüchen, brandigen Gliederverlusten, heftigem Selbstmordtrieb und endet meist tödlich. Da es jetzt möglich ist, das Getreide mit modernen Maschinen fast vollkommen zu reinigen, ist die Verbreitung der gefährlichen und unheimlichen Seuche erfolgreich abgewehrt und die Krankheit ziemlich selten geworden. Nur entlegene Gegenden mit rückständiger Landwirtschaft und ungenügender Staatsaufsicht lassen sie bisweilen epidemisch wiederaufflammen – so zuletzt 1951 in Pont Saint Esprit im französischen Departement Rhône. In jüngster Zeit ist es gelungen, die giftigen Inhaltsstoffe des Pilzes genau zu erforschen und zu hochwirksamen Arzneien aufzubereiten. Neuerdings konnte man sie teilweise durch weniger gefährliche deutsche Drogen ersetzen.

Die Heilwirkung der *Hefen* konnte den weinbauenden und bierbrauenden alten Ägyptern und Babyloniern nicht unbekannt bleiben. Sie waren daher schon damals ein gebräuchliches Heilmittel. Hefepilze sind überall da zu finden, wo zuckerhaltige Säfte durch alkoholische Gärung zerlegt werden. Sie sind einzellige, mikroskopische Pflänzchen, die zu den Schlauchpilzen gehören; zu ihnen gehört die Weinhefe, *Saccharomyces ellipsoideus,* und die Bierhefe, *Saccharomyces cerevisiae.* Als Rückstände bei der *Wein- und Bierbereitung* sind sie allgemein bekannt, und die Gärungsfermente der Hefezellen sind wohl schon frühzeitig in der menschlichen Geschichte auch beim *Backen* von Brot und Kuchen dienstbar gemacht worden. Bei der Vergärung des im Teig enthaltenen Zuckers entsteht neben Alkohol, der bald entweicht, auch Kohlensäure, die natürlich ebenfalls zu entweichen sucht, den zähen Teig in Blasen auftreibt und dadurch sein Aufgehen bewirkt. Auch der Sauerteig, der bald zum Brotbacken anstelle frischer Hefe benutzt wurde, enthält zahlreiche Hefepilze, die dann den Teig genauso vergären bzw. zum »Gehen« bringen. Weil in den Hefen auch lebenswichtige Wirkstoffe, vor allem Vitamine der B-Gruppe, gefunden wurden, werden sie mit erfreulichem Erfolg auch zur Heilung von mancherlei Mangelerscheinungen und Hautkrankheiten angewendet. Die Hefepilze, unsere kleinsten Schlauchpilze, sind in bester Obhut. Hier steht das Interesse des Gärungsgewerbes hinter der Forschung und garantiert ihren Fortschritt.
Die Bauchpilze, besonders die als gemeine *Stäublinge* bekannten vielgeschmähten *Lycoperdon- und Bovista*-Arten, sind von alters her beim Volk als hochwirksames Heilmittel bekannt. Solches Wissen war freilich lange verpönt und verkörperte sich schließlich nur noch in Schäfern, Bauern, Schmieden und Zigeunerinnen. Früher hatten die gemeinen Stäublinge ihren ehrenvollen Platz auch in der Schulmedizin als »Fungus Bovista, Fungus rotundus, Bovista chirurgorum« und »Fungus chirurgorum«. Das olivbraune Sporenpulver solcher Pilze wurde seit Jahrhunderten und wird noch heute im Bayrischen Wald und Odenwald als Einstreumittel für schwerheilende Wunden und gegen heftiges Bluten, besonders der Goldader (Hämorrhoiden), bei Nasenbluten sowie als Kinderpuder offenbar mit bestem Erfolge benutzt. Als zuverlässigen Gewährsmann für so eine erstaunlich rasche und dauerhafte Heilung eines amputationsbedürftigen Beines allein mittels Dachsfett und Stäublingssporen nenne ich nur Kallenbach, der in der Zeitschrift für Pilzkunde 1940, S. 55, ein eigenes Erlebnis erzählt; alte Jäger haben mir mehrmals schon ähnliche Erfahrungen mitgeteilt.
Die *Hirschtrüffel* oder *Hirschbrunft* (Elaphomyces granulatus Fr.) wurde schon früh als nervenstärkendes Reizmittel (Aphrodisiacum)

angewendet. In alten Arzneibüchern war es als »Fungus cervinus, Boletus cervinus, Tubera cervina« beschrieben. Die Hirschbrunft ist ein kleiner bis walnußgroßer Schlauchpilz, kugelig und orangegelblich bis braun, mit kleinen, körnigen Wärzchen dicht besetzt. Die Rinde ist dick, innen weißlich bis rötlich und umhüllt eine braunschwarze bis dunkelviolette Sporenmasse, die von grauen Adern durchsetzt ist. Sie wächst im Spätherbst in Nadel- und Laubwäldern, fast an der Bodenoberfläche, riecht sehr eigenartig stark würzig und schmeckt bitter. Sie ist ungenießbar, und wird nur noch von Bauern und Hirten als Brunstmittel fürs Vieh gebraucht. Manchmal findet man ihre Anwesenheit im Boden angedeutet durch über den Boden herausragende kleine keulenförmige Pilze.

Schon frühzeitig wurde der *Fliegenpilz*, Nr. 26, medizinisch benutzt und als Pulver oder Tinktur gegen Drüsengeschwülste, bösartige Geschwüre und Nervenkrankheiten, gegen Epilepsie sowie gegen Schwindsucht und Abzehrung verordnet. In der Homöopathie ist er heute noch als »Agaricus muscarius« gebräuchlich, indem der frische Fruchtkörper zur Urtinktur (Essenz) verarbeitet und in hoher Verdünnung gegen Veitstanz, Herzleiden, Gelenkrheumatismus und skrofulöse Augenentzündung angewendet wird.

Der *Satanspilz*, Nr. 9, enthält als medizinisch wirksame Stoffe Agaricinsäure, Phosphorsäure, Harze und Fettsäuren und wird homöopathisch in verdünnter Tinktur gegen Ruhr, Wechselfieber, Gallen- und Leberleiden benutzt. Der *Pfeffermilchling, Nr. 66,* war schon im Altertum wegen seiner harntreibenden Wirkung gegen Nieren- und Blasenleiden bekannt und wurde auch gegen Blasensteine angewendet.

Der Beiname Gichtmorchel für unsere *Stinkmorchel*, Nr. 108, beweist ihre frühzeitige Verwendung zur Heilung der Gicht (Schwenckfeldt 1619).

Aufmerksamen Beobachtern der Hexenringe höherer Pilze konnte es nicht entgehen, daß, neben ungewöhnlich üppigem Pflanzenwuchs an der Peripherie dieser Kreise, bisweilen völlig abgestorbene, aber nicht verwesende Flächen einen auffallenden und trübseligen Kontrast zur artenreichen Umgebung bilden. Forscher, die dieser rätselhaften, vom Aberglauben umwitterten Erscheinung nachgegangen sind, vor allem Hollande (1944), fanden bald heraus, daß in diesen Pilzen antibiotische, also keimtötende Stoffe enthalten sind. Hollande bemerkte solche Eigenschaften zunächst an großen Hutpilzen, die als *Riesentrichterlinge* bekannt sind, zum Beispiel am Krempentrichterling, *Leucopaxillus candidus (Bres.) Sing.*, am Riesenkrempentrichterling, *Leucopaxillus giganteus (Fr.) Sing.*, sowie am Mönchskopf, *Clitocybe geotropa (Bull. ex Fr.) Quél.* Der von ihm Clitocybin genannte Wirkstoff hat antituber-

kulöse Eigenschaften: er kann Tuberkelbazillen zum Absterben bringen.
Schwedische, französische und russische Forscher haben in den vierziger Jahren aus Milchlingen, Mairitterlingen, Nr. 34, Nebelkappen, Nr. 45, und anderen höheren Pilzen ebenfalls antibiotische Stoffe zur Bekämpfung krankheitserregender Bakterien isoliert. Sie wurden bekannt als Laktaroviolin, Nebularin, Pleurotin, Polyporin, Biformin, Irpexin und unter anderen Namen. Seit einigen Jahren hat sich die Forschung vorzüglich auf Schlauchpilze, ganz besonders auf Schimmelpilze, und auf die mikroskopisch kleinen, dem Bakterienreich nahestehenden Strahlenpilze des Erdbodens konzentriert, besonders seit der Einführung der »Wunderdroge« Penicillin. Aber Penicillin, Streptomycin, Aureomycin und all die anderen *Antibiotica* aus Schimmel- und Strahlenpilzen sind eigentlich nichts anderes als die wunderliche »Dreckapotheke« des Mittelalters, nur abgewandelt zu blitzsauberen Erzeugnissen mikrobiologischer Laboratorien. Wenn die Bauern im alten Irland und anderswo den grünlichen Schimmel vom feuchten Brot kratzten und mit ihm eiternde Wunden heilten – was ist das im Grunde anders als eine Penicillinsalbe?
Die lange vergessenen Erkenntnisse uralten bäuerlichen Weistums, die vielfach als Scharlatanerie verschrieenen Lehren des großen Heilkünstlers am Anfang der Neuzeit Theophrastus Bombastus von Hohenheim, der sich selbst Paracelsus nannte und sich niemals zu gescheit dünkte, auch nach den Erfahrungen einfacher Menschen hinzuhorchen, die wie Schäfer und Bauern unmittelbar mit der Natur leben – sie sind heute nur wiederentdeckt und, von allerlei altmodischem Wust befreit, der modernen Hexenküche der chemischen Industrie gegenübergestellt, wahrscheinlich siegreich.
Die bakterienhemmende und -tötende Wirkung des *Penicillins* wurde 1928 von dem englischen Mikrobiologen Alexander Fleming entdeckt, als er beobachtete, daß auf einer Bakterienkultur eine »tote Zone« dort entstanden war, wo sich zufällig ein Schimmelpilz angesiedelt hatte. In mühseliger Forschungsarbeit wurde der Pilz als *Penicillium notatum* erkannt und von einer Oxforder Arbeitsgemeinschaft unter Florey und Chain der Wirkstoff Penicillin rein dargestellt. Seit dem Zweiten Weltkrieg wurde Penicillin nach anfänglichen Schwierigkeiten mit Hilfe amerikanischer Industrielaboratorien im Großen hergestellt. Jetzt ist auch seine synthetische Herstellung gelungen, und nach einem 1949 bekannt gewordenen neuen Züchtungsverfahren von Lembke, das von einer Hamburger Firma entwickelt wurde, wird es auch in Deutschland im Großbetrieb gewonnen. Penicillin ist besonders wirksam bei allen möglichen Ansteckungen.

Streptomycin wurde 1944 von den Amerikanern Waksman, Schatz und Bugie bei der Durchführung von über 10000 Pilzkulturen aus Stoffwechselprodukten des Strahlenpilzes *Streptomyces (früher Actinomyces) griseus* isoliert. Diese Strahlenpilzart stammt aus der Kehle eines kranken Huhnes. Unwillkürlich erinnernt man sich des alten Galenos und seines heilkräftigen Hühnermistes.
Chloromycetin (Chloramphenicol) wurde 1947 von Ehrlich und Joslyn aus *Streptomyces venezuelae* bei der Prüfung von 20000 Pilzkulturen, die von 6000 Bodenproben stammten, isoliert und war im Morast eines Feldes in Venezuela gefunden worden; es wird jetzt synthetisch hergestellt und in Kapseln eingenommen gegen Typhus, Paratyphus, Fleckfieber, Papageienkrankheit, Bangsche Krankheit und andere Infektionen.
Terramycin wurde nach langen Reihenuntersuchungen von Bodenpilzen durch Finley 1950 aus dem Strahlenpilz *Streptomyces rimosus* isoliert und ist in Kapseln, Tropfen und Einspritzungen wirksam gegen Infektionskrankheiten. Es ist chemisch eng verwandt mit dem Aureomycin.
Aureomycin, von Dugger 1948 bei der Durchsicht von 3400 Pilzkulturen in *Streptomyces aureofaciens,* ebenfalls einem Strahlenpilz, entdeckt, wird in Kapseln verabfolgt und ist als »Gold unter den Heilmitteln« hochwirksam bei einer großen Zahl von Ansteckungskrankheiten, darunter auch Viruserkrankungen.
Tyrothricin, 1939 von Dubos aus dem *Bacillus brevis* im Moorboden isoliert und als Tyrosolvin im Handel, ist wirksam gegen verschiedene Bakterien (nach Herrell-Schulze 1949 und Vogel 1951).
Alle diese hochwirksamen modernsten Heilmittel entstammen *niederen* Schlauchpilzen, Strahlenpilzen und Bakterien aus der mikroskopischen Flora von Schuttplätzen, Tümpeln, Sümpfen und dergleichen. Ganz leis und gleichsam über die Hintertreppe kommt so uraltes Weistum und Heiltum zu uns zurück. Schon kommen aber auch wieder die höheren Pilze zum Zuge, da wir bei Moser in »Sydowia, Annales mycologici« 1951 lesen, daß auch in der Gattung *Cortinarius,* also bei den Haarschleierlingen, bereits einige Vertreter gefunden worden sind, die ein antibiotisches Vermögen aufweisen; um aber in dieser Richtung erfolgreich weiterarbeiten zu können, ist eine systematische Klarstellung der Gattung unbedingt erforderlich.
Woraus wieder einmal die Wichtigkeit selbst so viel belächelter und als »abseitig« geltender Wissenschaften wie der Systematik erhellt! Die Literatur über die Antibiotika ist jetzt schon unübersichtlich geworden, die Forschung aber geht weiter. (Siehe auch Moser, Phlegmacium, Monogr. 1961, S. 65 und Helmut M. Böttcher, Wunderdrogen, 1963!)

Die Züchtung von Speisepilzen

Der Wunsch, die wertvollsten Speisepilze unabhängig von den Zufälligkeiten des Suchen- und Sammelnmüssens jederzeit ernten zu können, ist verständlich. So hat es nicht an mancherlei Versuchen gefehlt, Speisepilze in Kultur zu nehmen und zu züchten. Allerdings hängt diese Kultur eßbarer Pilze von zahlreichen, bis heute noch ungenügend bekannten natürlichen Bedingungen ab; sie ist darum auch nur für wenige wertvolle, meist Humus und Dünger oder Holz bewohnende Blätterpilze gelungen.

Die *Champignonzucht* ist heute weltweit in voller Blüte und hat sich zu einem eigenen Industriezweig entwickelt. Längst reicht der einst fast unerläßliche Pferdemist nicht mehr für die ständig steigende Champignonproduktion. Forschung und Industrie bedienen sich heute der modernsten Erkenntnisse wie möglicher neuer Nährböden und noch ertragreicherer Zuchtstämme. Die Märkte der Großstädte werden heute zum Teil von regional ansässigen, oft sehr leistungsfähigen Champignonzüchtern mit Frischware versorgt. Es werden auch schon Kleinkulturen in Plastikbeuteln oder Styroporkästen zum Kauf angeboten. Wenn ein Pilzfreund unter die Champignonzüchter gehen will, möge er sich der reichlich angebotenen einschlägigen Literatur bedienen.

Shiitakepilz, Lentinus edódes (Berk.) Sing. Die Zucht des Shiitakepilzes hat in Japan eine 2000jährige Tradition, sie wird auf Laubholzknüppeln, teils in Gewächshäusern neben der Gemüse- und Blumenzucht betrieben. Auf den für die Industrie und Holzwirtschaft uninteressanten, armdicken Kronenästen der Buche usw. läßt sich der Shiitakepilz auch bei uns züchten. Zu dieser und jeder anderen Pilzzucht braucht man eine Pilzbrut und eine gute Anleitung.

Austernseitling, Pleurotus ostreatus (Formen und Rassen). Vor allem in Osteuropa wird der Austernseitling, mit verschiedenen Bohrmethoden sogar im Feldanbau, auf verschiedenen Laubholzarten gezüchtet. In Deutschland wird die Austernseitlingszucht immer mehr zum bevorzugten Hobby von Pilzliebhabern; oft mit gutem Erfolg.

Das *Stockschwämmchen*, Nr. 56, wurde und wird als Speisepilz gezüchtet, aber die Zucht scheint nicht den großen Verdienst zu bringen. Für den Amateur aber, der nichts zu verlieren hat, sondern nur Freude erleben kann bei gelungener Zucht (oder Ansiedlung), ist das Stockschwämmchen ein sehr dankbares Objekt.

Scheidlinge Volvariella-Arten. Aus Asien kommen vereinzelte Nachrichten und selten Konserven von auf Reisstroh gezüchteten Scheidlingen.

Rotbrauner Riesen-Träuschling, Stropharia rugosoannulata Forlow ex Murill. Dieser auf Strohresten (? auch Gartenerde) wachsende, sich immer mehr verbreitende eßbare Träuschling wird heute schon in verschiedenen Stämmen gezüchtet. Man hört immer mehr von guten Zuchterfolgen auch von Pilzliebhabern. Der Rotbraune Riesen-Träuschling wurde auch schon verschiedentlich in Klein-Kulturen zum Kauf angeboten.

Die *Chinesische Morchel, Auricularia polytricha (Mont.) Sac.,* der Chinarestaurants ist keine Morchel, sondern eine Gallertpilzart, unserem Judasohr verwandt, und kommt in kleinen Ballen aus China nach Europa.

In Gärten, Wochenendgrundstücken, neuerdings auch in eigenen »Pilzgärten«, wurden schon angesiedelt Winterpilz, Nr. 55, Rauchgraublättriger Schwefelkopf, Nr. 57, der Nackte Ritterling, Nr. 42, der Riesenschirmling, Nr. 33, der Safranschirmling bei Nr. 33, der Feld-Schwindling, Nr. 51, die Lackpilze, Nr. 44, auch die Morcheln, Nr. 113, und andere mehr. Dem Versuchen zur Ansiedlung von Pilzen sind keine Grenzen gesetzt. Wieweit sich Erfolg einstellt, hängt von vielen Faktoren ab, aber gerade die Ungewißheit macht ja den Reiz aus.

Die Züchtung der sogenannten Mykorrhizapilze, die nur in enger Symbiose mit unseren Waldbäumen gedeihen – zu ihnen gehören die meisten Röhrlinge sowie die Täublinge und Pfifferlinge – ist aus naheliegenden Gründen bisher noch nicht gelungen.

Beschreibung der Pilze

Pilze, die als **giftig** gekennzeichnet sind, soll man unter allen Umständen meiden

Das Zeichen **!** bedeutet, daß Vorsicht geboten ist

1 Steinpilz

Boletus edulis Bull. ex Fr. (Typus)

Dobernigel, Herrenpilz, Gschlachter

Der Pilz ist meistens ziemlich stattlich und kann besonders in geschonten Gegenden oder entlegenen Gebirgshöhen sehr groß werden. Sein *Hut* ist 8–20 (30) cm breit, anfangs fast kugelig, später polsterförmig bis flachgewölbt, kahl und glatt, aber auch runzelig, meistens trocken, bei Feuchtigkeit etwas schmierig. Der Farbe nach ist er zuerst weißlich, steingrau bis hellbraun, dann braunrötlich oder kastanienbraun, bisweilen mit dunklerer Mitte und hellerem Rand, in der Jugend oft weißlich überreift. Eine Oberhaut läßt sich nicht abziehen. Die *Röhren* sind fast frei, zuerst weißlich, dann mit fortschreitender Reife gelblich bis gelbgrünlich oder dunkelolivgrün und vom Hutfleische leicht abtrennbar, die *Röhrenmündungen (Poren)* an jungen Pilzen nadelstichfein und rundlich, später weiter. Das *Fleisch* ist dick, fest und kernig, unveränderlich weiß und erst im Alter schwammigweich, unter der Huthaut rötlich gezont. Es *riecht* angenehm obstig, ist mild und von nußartigem *Geschmack*. Der kräftige *Stiel* ist je nach Alter und Standort kugeligbauchig, gestreckt oder walzenförmig bis keulig, oft mit dickerem Grunde, weißlich oder fahlbräunlich überlaufen, in der Jugend im oberen Teil ziemlich grobmaschig weißlich genetzt, aber zum Grunde hin kahl.
Der Steinpilz ist der bekannteste und begehrteste *Speisepilz* und wegen seines besonderen Wohlgeschmackes, seines weißen Fleisches und seiner großen Haltbarkeit der beliebteste Marktpilz. Er eignet sich zu jeder Verwendung und läßt sich leicht trocknen. Leider schmeckt er den Maden, Käfern und Schnecken ebensogut. Man findet ihn überall in Laub- und Nadelwäldern der Ebenen und des Gebirges, häufig an Waldrändern und auf Waldwegen, unter Jungfichten und im Hochwald. Als *Mykorrhizapilz* tritt er unter den verschiedensten Bodenverhältnissen in einigen festen Standortsrassen auf, die sich wechselseitig

auszuschließen pflegen: Der Eichen- oder *Sommersteinpilz, Boletus aestivalis Paulet ex F.* mit hellem, blaßgraugelblichem oder bräunlichem, oft bereiftem, trockenem und feinfilzigem, felderig zerrissenem *Hut* und gleichblassem, bis zum Grunde deutlich genetztem *Stiel.* Man findet ihn schon vom Mai bis Juli in lichten Eichen- und Buchenbeständen oft massenhaft. Er hat weißes, weiches und lockeres, unter der Huthaut bräunliches Fleisch, *riecht* sehr angenehm, *schmeckt* mild und gut und ist besonders als Trockenpilz empfehlenswert.
Der *Weiße Bronzeröhrling, Boletus aereus Bull. ex Fr.,* ist auch als Schwarzhütiger Steinpilz bekannt. Er hat einen halbkugeligen, festen dickfleischigen, feinfilzigen und auffallend schokoladebraunen bis schwarzbraunen, stets samtigen und trockenen *Hut,* dessen Oberhaut sich wie Handschuhleder anfühlt.
Sein *Stiel* ist besonders dickbauchig, glatt und nur im oberen Teile fein und zierlich erhaben rotbraun genetzt.
Die *Röhren* sind weißgelb bis olivgelb.
Das *Fleisch* ist verhältnismäßig hart, ganz weiß und nur unter der Huthaut graubraun oder rötlichbraun gezont. Er wächst gesellig in Laubwäldern, besonders unter Eichen und ist in Deutschland verhältnismäßig selten, aber ein sehr geschätzter, wohlschmeckender *Speisepilz.*
Der Gelbe Steinpilz, auch Gelber Bronzeröhrling genannt, *Boletus appendiculatus Schff. ex Fr.* Sein *Hut* ist hell- bis dunkelbraun, seine *Poren,* sein *Stiel* und Fleisch schön zitronen- bis chromgelb. Das *Fleisch* blaut mehr oder weniger stark oder auch gar nicht. Der *Stiel* ist am Grunde meist deutlich wurzelnd. Man findet ihn im Laub- und Nadelwald, besonders in Gebirgsgegenden oft in riesenhaften Stücken, mit über 20 cm Hutdurchmesser. Auch er ist ein schmackhafter *Speisepilz.*

2 Rothütiger Steinpilz

Boletus pinicola Vitt.

KIEFERN-STEINPILZ

Der Rothütige Steinpilz hat einen sehr großen, purpurbraunen bis kupferroten, selten violett überreiften *Hut,* im Alter schmierig. Die *Poren* werden im Alter rostfleckig (!). Der *Stiel* ist safranbraun bis fuchsigbraun, das *Fleisch* sehr hart und weiß, nur unter der Huthaut weinrot. Er wächst im Sommer und Herbst in sandigen Kiefernwäldern und vielen Bergwäldern. Auch er ist ein begehrter *Speisepilz.*
Alle Steinpilze können in blassen, jungen Stücken zuweilen dem bitteren und ungenießbaren Gallen-Röhrling (Nr. 3) täuschend ähnlich sein.

2 Rothütiger Steinpilz
1 Steinpilz

3 Gallen-Röhrling

3 Gallen-Röhrling !

Tylopilus felleus (Bull. ex Fr.) Karst.

BITTERPILZ, BITTERLING

Der mittelgroße Pilz hat die Gestalt des Steinpilzes. Sein *Hut* ist 7–12 cm breit, dickfleischig, gewölbt bis flach, lederfarben, graubraun bis rehbraun oder rotbraun, jung mehr oder weniger filzig, im Alter ganz glatt. Eine Oberhaut ist nicht abziehbar. Die *Röhren* sind am Stiel tief eingebuchtet bis frei, kissenförmig nach unten gewölbt, die *Poren* in der Jugend sehr eng, weißlich bis rostbräunlich, im Alter weiter und rötlich bis schmutzigrosa. Der *Stiel* ist schmutzigweißlich bis olivgelbbräunlich, voll, anfangs knollig, dann mehr oder weniger walzenförmig oder keulig und deutlich erhaben großmaschig genetzt. Das *Fleisch* ist weiß, im Bruch oder Schnitt rosa, in der Jugend fest, im Alter schwammigweich und rötlich bis bräunlich. Der Geruch ist schwach, der *Geschmack* außerordentlich bitter. Er ist selten madig, aber völlig *ungenießbar.*

Der Gallen-Röhrling wächst im Herbst, manchmal aber schon im Sommer, von (Juni) August bis Oktober (November), besonders in nassen Jahren überall in Mengen in lichten Nadelwäldern, unter Kiefern oder Fichten und ist sehr standortstreu. In trockenen Jahren bleibt er fast ganz aus.

Zu verwechseln ist er bloß mit dem Steinpilz, Nr. 1, dem er jung (!) täuschend ähnlich sehen kann. Ein größerer Gallen-Röhrling ist jedoch unschwer zu erkennen. *Hut* und *Stiel* sind fast immer etwas olivgelbbräunlich getönt. Die rosarote bis fleischfarbene Röhrenschicht quillt polsterartig aufgewölbt unter dem Hutrande hervor. Die kleine *Kostprobe* oder auch schon ein Belecken frischer Anschnitte genügt, ihn zu entlarven. Denn er ist gallenbitter und hat davon seinen Namen. Mit Magermilch abgekocht, soll er aber, Mitteilungen aus Frankreich, Rumänien und der Deutschen Demokratischen Republik zufolge, genießbar und verpulvert als Gewürzpilz brauchbar sein. Wer will's ausprobieren? Diesem Massenpilz eine Verwendbarkeit abzugewinnen, wäre vielleicht lohnend.

Dieser Gallen-Röhrling ist es, der in der *Pilzberatungsstelle* fast aus allen Körben schaut, dort sich am häufigsten zu Bergen türmt und immer Ärger und Enttäuschung macht. Wer ihn unerkannt schon mitgegessen hat, wem ein einziges Stück das schmackhafte Pilzgericht verdarb, wähnt sich schwer vergiftet und fühlt Todesängste. Echte Vergiftungsfälle verschuldet der Gallen-Röhrling nicht, denn schon ein Versuch solcher Speise läßt ihn ungenießbar erscheinen und schreckt von mehrerem »Genusse« ab.

4 Maronen-Röhrling

Xerocomus badius (Fr.) Kühn. ex Gilb.

TANNENPILZ, GRASPILZ

Der Pilz ist meistens klein bis mittelgroß, sein *Hut* kastanien- bis schokoladebraun, zuweilen fast schwarzbraun, anfangs kugelig, dann polsterförmig bis ausgebreitet, 5–15 (20) cm breit, meistens scharfrandig, jung und bei Trockenheit feinfilzig, im Alter und bei Nässe leicht schmierig. Die *Röhren* sind buchtig angewachsen bis frei, hellgelb bis grüngelb, meistens kurz und vom Hutfleisch leicht zu lösen. Die *Poren* sind weißblaß bis grüngelb, rundlich oder eckig und werden auf Druck mehr oder weniger blaugrün. Der *Stiel* ist gelbbraun, 6–12 cm hoch, voll, glatt, bauchig oder auch walzenförmig, längsfaserig, oft gekrümmt. Das *Fleisch* ist weiß oder blaßgelblich, jung fest, am Röhrengrunde gelb, im Gras oder Moos und besonders im Alter weich, im Stiel faserig und blaut mehr oder minder. Der *Geruch* ist obstartig, der *Geschmack* mild und angenehm. Der Maronen-Röhrling ist ein ausgezeichneter *Speisepilz,* dem Steinpilz geschmacklich gleichwertig und infolge seiner Häufigkeit sehr ergiebig.
Der Maronenpilz wächst von (Juni) August bis November fast überall in Nadelwäldern, weniger im Laubwald, einzeln oder gesellig und sehr standortstreu, besonders gern am Wurzelhals von Fichten oder Kiefern, auch am Waldrand unter Gras und Moos und im Hochwald auf trockener Nadelstreu. Oft ist er dem Steinpilz recht ähnlich, aber meist kleiner.
Bemerkung: Man kann zwei Standortsformen unterscheiden, die dennoch dicht beieinander wohnen: Ein feuchter Gras- oder Moos-Maroni und ein trockener Nadelstreu-Maroni. *Verwechseln* kann man den Maronen-Röhrling nur mit ähnlichen eßbaren Röhrlingen, die nachfolgend beschrieben sind.

5 Ziegenlippe

Xerocomus subtomentosus (L. ex Fr.) Quél.

FILZIGER RÖHRLING

Der Pilz ist meistens nur bis mittelgroß, sein *Hut* 5–12 (17) cm breit, halbkugelig, polsterförmig bis abgeflacht, samtig bis weichfilzig, trokken matt, in den Farben äußerst veränderlich, gelboliv oder graugelblich, dunkelbraunoliv bis braun, nur im Alter oder bei Trockenheit felderig zerrissen, mit blassen Rissen und Fraßstellen. Die Oberhaut ist

4 Maronen-Röhrling

5 Ziegenlippe

6 Rotfuß-Röhrling

nicht abziehbar. Die *Röhren* sind in der Jugend leuchtend zitronen- bis goldgelb, erst im Alter schmutziggrüngelb, gegen Druck fast unempfindlich, daher meistens unveränderlich, am *Stiele* fast frei, ungleich, zusammengesetzt und mit weiten, eckigen Poren, vom Hutfleisch leicht ablösbar. Der *Stiel* ist 6–11 cm hoch, meistens lang und dünn oder gleichmäßig dick, oft gekrümmt, gelblich bis bräunlich, seltener feinfilzig oder schuppig, voll und bald holzig, am Grunde zugespitzt. Das *Fleisch* ist weich, weiß oder weißgelblich, unveränderlich, unter der Huthaut höchstens bräunlich, nur selten schwach blauend. *Geruch* und *Geschmack* sind obstig, mild und angenehm.
Die Ziegenlippe wächst in Laub- und Nadelwäldern, besonders an moosigen Waldrändern, grasigen Böschungen und Wegen, von Juni bis Oktober (November), meist einzeln, aber häufig. Wegen ihrer Weichfleischigkeit ist sie nicht lange haltbar, aber wohlschmeckend.
An den nicht druckempfindlichen Röhren kann man ihn leicht unterscheiden von dem sonst ähnlichen Rotfuß-Röhrling, Nr. 6, der äußerst druckempfindlich ist und schmutziggrünblau fleckt. Caspari hat in seinen schönen Farbskizzen die große Veränderlichkeit des Pilzes festzuhalten versucht.

6 Rotfuß-Röhrling

Xerocomus chrysenteron (Bull. ex St. Amans) Quél.

Dieser Pilz ist meistens kleiner als die Ziegenlippe, mit ihr aber ganz nahe verwandt. Der *Hut* ist 3–8 (10) cm breit, in den Farben äußerst veränderlich, feinflockigfilzig und grünlichgraubraun bis dunkeloliv, fast schwarzgrün oder auch gelblichockergrau, von Anfang an würfelig-felderig zerrissen, in Rissen und Fraßstellen immer rötlich bis purpurrot. Die *Röhren* sind angewachsen oder ausgebuchtet, grünlichgelb bis olivgelblich, äußerst druckempfindlich und auf Berührung sofort blaugrün fleckend und haben weite, eckige *Poren.* Der *Stiel* ist 3–6 (8) cm lang, meist gleichmäßig dünn, auf Druck blaufleckig, im Grundton lebhaft goldgelb, mit kirschroter Spitze, meistens leuchtend kirschrot punktiert, mit zugespitztem, hellgelbem Stielgrunde. Das *Fleisch* ist weich, gelb, im Hute blaßgelblich, unter der Huthaut purpurrot, über den Röhren bei Bruch und Schnitt bisweilen blauend, im Stielgrunde leicht schäumend und trübe purpurrot. Der *Geruch* ist obstartig, der *Geschmack* mild und angenehm.
Man findet den Rotfuß überall in Laub- und Nadelwäldern, von Juni bis November, stets gruppenweise und oft in Massen, besonders an moosigen Stellen oder auf Waldwiesen. Der Rotfuß-Röhrling ist jung

ein weicher, aber wohlschmeckender, wegen seiner leichten Verderblichkeit rasch zu verwendender *Speisepilz.* Bei seinem massenhaften Vorkommen ist er dankbar zu sammeln, leider aber meistens madig oder an den Röhren von einem schimmelähnlich aussehenden weißen bis goldgelben Überzug befallen, der von einem schmarotzenden Kernpilz, dem Goldschimmel *(Hypomyces chrysospermus),* gebildet wird und ihn ungenießbar macht.
Vergleiche: Maronen-Röhrling, Nr. 4, und Ziegenlippe, Nr. 5!

7 Butter-Röhrling

Suillus luteus (L. ex Fr.) S. F. Gray

SCHMERLING, SCHAFHÄUTERL, ROTZLING

Der Pilz ist mittelgroß. Sein *Hut* hat 4–10 (13) cm Durchmesser, ist dickfleischig, halbkugelig bis polsterförmig, zuletzt ausgebreitet, auch oft buckelig, bei feuchtem Wetter und am Morgen von vergänglichem braunem Schleime schmierig glänzend, in der Jugend am Rand eingebogen und trägt oft noch einen weißhäutigen und dunkleren *Schleier* zwischen Hutrand und Stielspitze. Die Oberhaut ist schokoladebraun, seltener gelbbraun und dunkler gefleckt (»getigert«), bei Trockenheit glänzend und läßt sich auf einmal abziehen. Die zitronengelben *Röhren* sind am Stiel angewachsen, unveränderlich und leicht ablösbar, die *Poren* eng, rundlicheckig und weiß bis zitronengelb. Der 3–8 (11) cm hohe *Stiel* ist voll, gleichmäßig dick, oft verbogen und trägt einen großen, hängenden, weißen bis violettlichen (heidelbeerfarbigen), häutigen und vergänglichen *Ring.* Oberhalb des Ringes ist er genetzt, gelb und mit spitzkegeligen, weißen, bald dunkelrotbraunen, drüsigen Wärzchen besetzt, am Stielgrunde bräunlich punktiert. Das *Fleisch* ist dick, weich und zart, weißgelblich bis zitronengelb, bald schwammigweich, im Stielgrunde rötlich verfärbt und fault schnell. Der *Geruch* ist obstartig, der *Geschmack* mild und angenehm säuerlich.
Der Butter-Röhrling wächst in Nadelwäldern, besonders in Kiefernwäldern, an Waldrändern und auf grasigen Waldwegen oder Waldschneisen, auch in der Fichtenjugend, zwischen Gras, Moos und Heidekraut, im Gebirge auch unter Latschen, oft reihen- oder gruppenweise, vom Sommer bis zum Spätherbst häufig, bisweilen massenhaft. Er ist ein *wohlschmeckender,* aber leicht verderblicher *Speisepilz* und eignet sich auch gut zum Braten, aber nicht zum Trocknen. Die Schleimhaut zieht man schon beim Sammeln ab, um das übrige Sammelgut nicht zu verschmutzen. Verwechslung mit dem Körnchen-Röhrling, Nr. 8, ist möglich, aber unschädlich.

7 Butter-Röhrling

8 Körnchen-Röhrling

8 Körnchen-Röhrling

Suillus granulatus (L. ex Fr.) O. Kuntze

Der Pilz ist klein bis mittelgroß, der *Hut* 2–8 (14) cm breit, halbkugelig bis polsterförmig, am Rand anfangs eingerollt, gelbbraun bis lederbraun oder strohgelb, anfänglich schleimig-schmierig, bei Trockenheit glatt und glänzend. Die Oberhaut läßt sich leicht abziehen. Die *Röhren* sind kurz, hell zitronen- bis olivgelb, mittelweit, am *Stiel* angewachsen und leicht vom Hutfleisch ablösbar, die *Poren* gelb bis olivgelb und rundlicheckig. Sie scheiden in der Jugend Tröpfchen eines weißlichen und bitteren Milchsaftes aus. Der schlanke, gleichmäßig dicke *Stiel* ist 4–8 cm hoch, hell zitronengelb und in seinem Oberteil durch feine, weißliche bis gelbliche, aufgetrocknet braunpurpurne Körnchen oder Wärzchen punktiert. Das *Fleisch* ist weiß bis hellgelb, unveränderlich, nur im Stiele gelber, in der Jugend fest und im Alter schwammigwässerig. Der *Geruch* ist obstartig, der *Geschmack* mild.
Man findet den Pilz im Laub- und Nadelwalde, besonders in sandigen und trockenen Kiefernwäldern, zuweilen auch am Waldrand und auf Waldwiesen, Viehweiden und grasigen Wegrändern, hauptsächlich auf kalkhaltigem Boden, von Juni bis Oktober, stellenweise häufig. Er ist ein wohlschmeckender *Speisepilz,* nur muß er sofort verwendet werden. Der Körnchen-Röhrling wird leicht madig. Seine schleimige Oberhaut sollte schon im Wald abgezogen werden, um das übrige Sammelgut nicht zu verschmutzen.

9 Satanspilz **giftig**

Boletus satanas Lenz

Der *Hut* des großen und farbenprächtigen Pilzes hat 6–18 (30) cm Durchmesser, ist polsterförmig bis ausgebreitet, anfangs oft mit eingerolltem Rande und wird sehr dickfleischig und fest. In der Jugend sitzt er dem kugeligen Stiel oft als ein Prälatenkäppchen auf. Die Hutoberhaut ist anfangs weißlich bis lederfalb, wird blaßgrau bis silbergrau oder olivgrau, im Alter fahl ockerlich, immer mit grünlichem Schimmer, ist feinsamtig, wie Handschuhleder anzufühlen, bei Feuchtigkeit schmierig und nicht abziehbar. Die *Röhren* sind bis 3 mm lang, leicht angewachsen bis frei, haben anfangs gelbe bis gelbgrüne, jedoch sehr bald karminrote bis purpurrote, enge und rundlicheckige Poren, werden auf Druck grünblaufleckig und sind vom Hutfleische leicht abtrennbar. Der *Stiel* ist gewöhnlich kurz und kugelig-dickbauchig (bis 10 cm Durchmesser!), seltener keulig-bauchig, an seiner Spitze zitronengelb, in der Mitte mit karminroter Zone, bisweilen auch ganz rot oder gelb, mit einem blutroten, feinmaschigen *Adernetz.* Das Fleisch ist meistens weißlich, bisweilen aber auch gelblich, besonders in der Jugend, und fest, aber im Alter schwammigweich. Weißfleischige Stücke blauen nur langsam und sehr schwach, wie wässerige Tinte, die selteneren gelbfleischigen Stücke jedoch rasch und stärker, röten im Stiel, werden aber stets beim Trocknen und im Alter wieder blaß. Der *Geruch* ist schon bei jungen Pilzen oft unangenehm, ähnlich dem der Knotigen Braunwurz, wird aber im Alter arteigen widerlich, aasartig und stinkend. Der *Geschmack* junger Pilze ist angenehm süßlich und nußkernähnlich.

Man findet den Satanspilz in lichten Laubwäldern, besonders am Waldrand unter Buchen, Eichen oder Kastanien gesellig, auch in zusammengewachsenen prächtigen Gruppen, von Juli bis September, nur auf *Kalkboden* in Mittel- und Süddeutschland, im allgemeinen ziemlich selten, aber an einzelnen Standorten und in günstigen Jahren sogar massenhaft.

Roh genossen ist er sehr *giftig,* auch schon in kleinen Mengen. Das äußert sich in heftigen Magen- und Darmstörungen, zugleich mit gefährlichen Herzschwächen. Nach Neuhoff ist er indessen nicht nachweisbar tödlich giftig. Er ist der meistumstrittene Röhrling, und jedermann meint ihn zu kennen. Solange man ihn nicht wirklich kennt, meide man alle rotporigen Röhrlinge! Alle haben, roh genossen oder nicht genügend gekocht, stark giftige Wirkungen.

10 Flockenstieliger Hexenröhrling !

Boletus erythropus Fr.

SCHUPPENSTIELIGER HEXENRÖHRLING, SCHUSTERPILZ, ZIGEUNER

Der große, meistens auffällige, düsterfarbige Pilz hat einen 6–15 (20) cm breiten *Hut* mit halbkugeliger bis polsterförmiger Wölbung und ist derb und dickfleischig. Die Hutoberhaut ist feinsamtig, stellenweise kahl und dunkelbraun bis fast schwarzbraun mit olivgrünem Schimmer, im Alter oft blasser und glatt, an Druckstellen immer dunkler und nicht abziehbar. Die *Röhren* sind am Stiel eingebuchtet, im Alter kissenartig nach unten gewölbt und anfangs grünlichgelb, mit goldgelben bis orangeroten, zuletzt düster mennigroten bis blutroten *Poren,* die bei jeder Berührung oder Verletzung sofort schmutzig schwarzblau flecken. Der *Stiel* ist 4–12 cm hoch, stämmig, dickbauchig oder gleichmäßig dick, in der Grundfarbe gelb, fein orangerot bis karminrot quergeschuppt oder filzig punktiert, nicht genetzt, im Alter an der Basis

9 Satanspilz

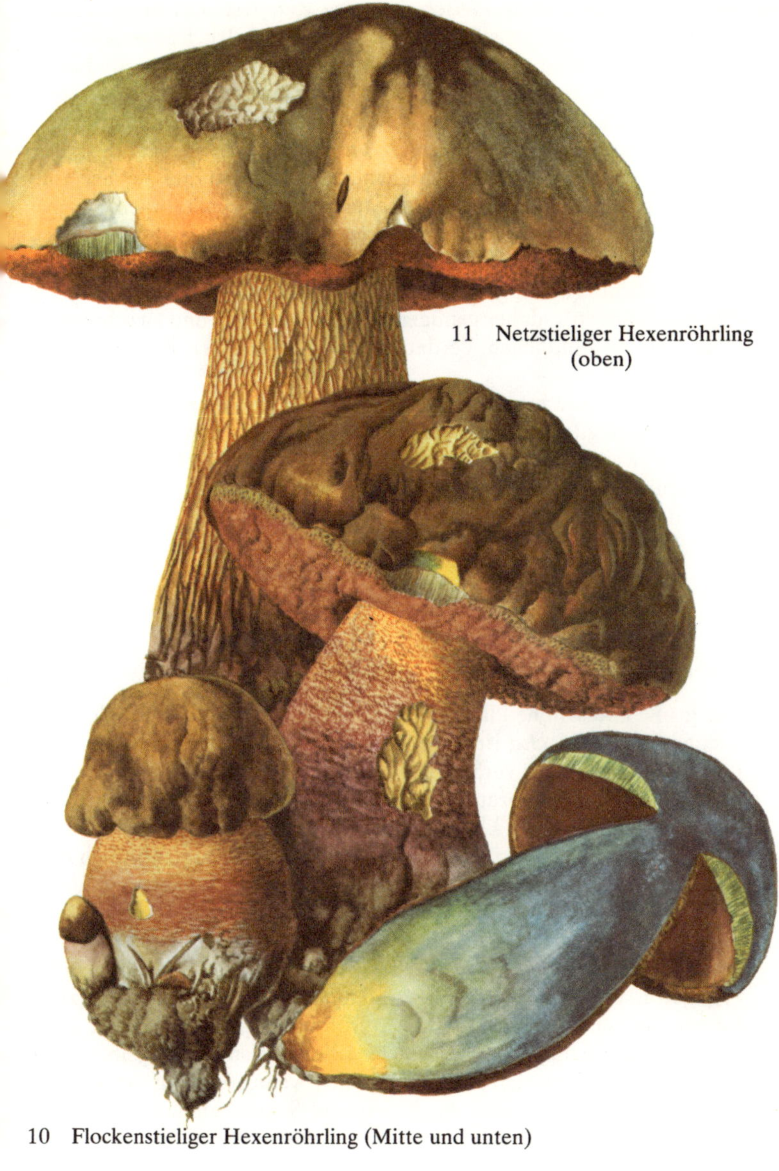

11 Netzstieliger Hexenröhrling (oben)

10 Flockenstieliger Hexenröhrling (Mitte und unten)

braunrot, stets äußerst druckempfindlich und bei jeder Berührung sofort blaufleckend. Das *Fleisch* ist lange Zeit fest und derb, lebhaft schwefel- oder zitronengelb, beim Anschnitt oder Bruch augenblicklich blau bis dunkelblau, ohne Rotfärbung, bei längerem Liegen und beim Kochen entfärbend und dann mehr oder weniger ockergelb. Das *Stielfleisch* ist schön safrangelb und im Stielgrunde mehr oder minder rot. Der *Geruch* ist schwach, der *Geschmack* mild und etwas säuerlich. Der Pilz wächst im Laub- und Nadelwald, besonders unter Buchen und Fichten, oft an den Standorten des Steinpilzes auf kalkarmem, saurem Boden, von Mai bis November, einzeln aber nicht selten. Für den Kenner ist er ein sehr wohlschmeckender, ausgiebiger, fast niemals madiger und vielseitig verwendbarer *Speisepilz, roh* aber *giftig* (Darmstörungen!), daher genügend lange zu kochen und zu schmoren. Leute mit empfindlichen Verdauungsorganen müssen ihn überhaupt meiden.
Verwechseln kann man ihn mit anderen eßbaren Hexenpilzarten, aber auch mit dem giftigen Satanspilz, Nr. 9, der jedoch immer hellhütig ist, meistens weißliches Fleisch besitzt und nur schwach blaut. Junge Satanspilze können aber auch gelbes Fleisch haben und stärker blauen. Wer die rotporigen Röhrlinge noch nicht gründlich kennt, verzichte lieber auf ihren Genuß!

11 Netzstieliger Hexenröhrling !

Boletus luridus Fr.

Der große und schöne Pilz sieht wie der Zwillingsbruder des Flockenstieligen aus. Sein *Hut* ist 6–15 (20) cm breit, polsterförmig gewölbt und in der Farbe sehr veränderlich, schmutzigolivgelb, bräunlich oder rötlich bis dunkelolivbraun, feinfilzig und wie Wildleder anzufühlen. Bei Feuchtigkeit ist er klebrigschmierig, im Alter glatt und trocken. Fraßstellen erscheinen rötlich. Die *Röhren* sind halb frei, ziemlich lang und gelb bis gelbgrünlich, die *Poren* olivgelb bis orangerot, im Alter schmutzigbraunrot oder grüngelb. Druckstellen flecken augenblicklich schwärzlich blaugrün. Der Röhrenboden ist mehr oder minder rot. Der anfangs bauchige *Stiel* ist später gestreckt und gleich dick, feuriggelb bis orangerot, am Grunde zugespitzt und dunkelpurpurn, fast schwarzrot. Immer zeigt er deutlich ein länglich-grobmaschiges *Netz* und ist mehr oder weniger filzig punktiert. Das *Fleisch* ist meistens blaßgelb, in Hut und Stielspitze bisweilen schön gelb, auch weinrötlich durchzogen, im Stielgrund aber dunkelrot. Im Bruch und Schnitt blaut es stark. Der *Geruch* ist kaum wahrnehmbar, der *Geschmack* mild.

Der Pilz wächst in lichten Laub- und Nadelwäldern, auch in Parkanlagen und gar nicht selten sogar in Straßengräben, meistens gesellig, stellenweise häufig, besonders gern auf Kalkboden, von Juli bis Oktober (November). Roh genossen und nicht genügend gekocht oder geschmort ist er *giftig* und verursacht heftige Verdauungsstörungen. Auch mit alkoholischen Getränken wirkt er *giftig* (Kreislaufstörungen!). Gekocht ist er sehr wohlschmeckend, wird aber auch dann nicht von jedermann vertragen und kann deshalb nur *bedingt* als *Speisepilz* bezeichnet werden.
Er wird meistens für den Satanspilz, Nr. 9, gehalten, sonst aber verwechselt mit dem Glattstieligen Hexenröhrling, *Boletus queletii Schulz.* Dessen *Hut* ist feinfilzig olivbraun oder orangerot bis dunkelrot. Risse und Fraßstellen sind gelborange, die Röhren zitronen- bis goldgelb, die Poren leuchtend orangerot.
Der *Stiel* ist gelblich bis braunrot, am Grunde dunkelrot. Das Fleisch ist gelb, auch am Röhrenboden, aber unter der Huthaut sowie im Stiele weinrot bis blutrot, im Stielgrunde fast schwarzrot; es blaut mehr oder weniger stark. Der Stielgrund ist spindelig und hart. Der Stiel hat kein Adernetz und ist nur mehr oder minder feinfilzig punktiert.
Auch dieser Pilz ist roh giftig und nur gut erhitzt eßbar. Er wächst in Laubwäldern und an Waldrändern und ist *ziemlich selten.*

12 Schönfuß-Röhrling !

Boletus calopus Fr.

DICKFUSS-RÖHRLING

Der Pilz ist ziemlich groß. Sein *Hut* ist 6–15 (20) cm breit, derb und dickfleischig, kugelig, mit eingerolltem Rande, dann polsterförmig gewölbt, hell graulich, olivblaß oder lederfalb bis graugelblich, matt, filzigsamtig, wie feines Leder anzufühlen. Die *Röhren* sind rund und weit, mittellang, fast frei, schwer ablösbar und haben sehr feine, zitronen- oder schwefelgelbliche bis olivgelbgrünliche, bei Druck sofort grünlich blauende *Poren.* Der *Stiel* ist knollig-bauchig bis gestreckt, 5–7 cm hoch, fest und voll, an der Spitze meist gelb, unten prachtvoll karmin- bis dunkelrot, mit deutlichem, rötlichem oder gelblichweißem, erhabenem Adernetz. Bei Druck oder Berührung verfärbt er sich schmutziggrün bis schwärzlich. Das *Fleisch* ist hart, blaßgelblich, beim Anschnitt im Hute schwach bläulich, am Röhrengrunde blau. Der *Geruch* ist nicht angenehm, fade säuerlich, der *Geschmack* meistens sehr bitter.

12 Schönfuß-Röhrling

Vorkommen: Der Pilz wächst überall in Laub- und Nadelwäldern, namentlich unter Buchen, meistens gesellig, von Juli bis Oktober, zerstreut, im Gebirge häufiger. Seiner Bitterkeit wegen ist er ganz *ungenießbar* und schwach *giftig.*
Ihm sehr ähnlich, aber viel seltener ist der mehr weißgrauliche, fast weiße, sehr bittere Wurzel-Röhrling, *Boletus radicans Pers. ex Fr.*, und der giftige Satanspilz, Nr. 9. Vom Steinpilz, für den er bisweilen gehalten wird, unterscheiden ihn deutlich das Rot seines Stiels und seine Bitterkeit, von den Hexenröhrlingen die zitronengelben Röhren, der Geruch und der bittere Geschmack.

13 Birken-Röhrling
14 Rotkappe

13 Birken-Röhrling

Leccinum scabrum (Bull. ex Fr.) S. F. Gray

BIRKENPILZ, KAPUZINER

Der Birken-Röhrling oder Birkenpilz ist mittelgroß, sein *Hut* 5–10 (12) cm breit, halbkugelig bis polsterförmig, erst fest und trocken, dann weichfleischig, meist glatt, zuweilen auch runzelig, morgens und bei feuchtem Wetter schmierig. Der Farbe nach ist der Birken-Röhrling hellbraun bis dunkelgraubraun, blaßgrau oder dunkelbraun, mitunter fast weiß. Die *Röhren* sind am Stiel ausgebuchtet, fast frei, sehr lang, kissenartig nach unten gewölbt, vom Hutfleisch leicht ablösbar und haben erst weißliche, dann schmutziggraue, kleine, runde und enge *Poren*, die auf Druck braunfleckig werden. Der *Stiel* ist sehr hoch, bis 15 cm, schlank, voll, nach oben verjüngt oder auch gleichmäßig dick, bisweilen am Stielgrund verdickt. Kleine, schwärzliche Schuppen und Fasern auf weißem Grunde machen ihn rauh. Das *Fleisch* ist weich, unveränderlich weiß oder graulich, bald schwammigwässerig, bei Regen stark durchwässert, im Alter im Stiele faserig und zäh. *Geruch* und *Geschmack* sind angenehm.
Der Birkenpilz wächst überall in lichten Laubwäldern und Gebüschen, auf Heiden und Torfmooren, wo Birken stehen, von Juni bis Oktober, meistens einzeln, aber häufig. *Jung* ist er ein sehr guter, weichfleischiger und wohlschmeckender *Speisepilz*, im *Alter* aber matschig, schleimig und bald unappetitlich. Er eignet sich nur zu rascher Verwendung in Suppen, Soßen und zu Gemüse. Außerdem läßt er sich natürlich auch trocknen.

14 Rotkappen

Leccinum testaceo-scabrum (Secr.) Sing.

ROTHÄUBCHEN

Die Pilze sind mittelgroß bis sehr groß und haben leuchtende Farben. Ihr *Hut* hat 7–20 cm Durchmesser, ist halbkugelig bis polsterförmig, bisweilen auch ausgebreitet und immer dickfleischig und derb. Den Farben nach ist er bei *L. aurantiacum* dunkel rotbraun bis orangerotbraun, bei *L. testaceo-scabrum* (abgebildet) etwas heller, orangegelb oder gelbbraun. Oft ist er von dem am Hutrande lappig herabhängenden, nach den *Röhren* hin eingebogenen Hutsaum wie beschleiert (!). Die *Röhren* sind am Stiele frei und haben bei *L. aurantiacum (Bull. ex Fr.) S. F. Gray* weißliche, bei *L. testaceo-scabrum* schon von Jugend an grauliche bis schmutziggraue oder rußigbraune Poren. Der *Stiel* ist

10–15 cm hoch, sehr kräftig und gedrungen, nach oben verjüngt und weiß, bei *L. aurantiacum* mit weißlichen bis rotbraunen, bei *L. testaceo-scabrum* mit schwärzlichen Faserschüppchen besetzt. Das *Fleisch* ist fest und kernig, später weich und bei *L. aurantiacum* weiß, dann lila bis schwärzlich, bei *L. testaceo-scabrum* weiß, dann rosa bis lila, in und am Stiele blau bis grünlich verfärbend. Beim Kochen wird es schwarz. *Geruch* und *Geschmack* sind angenehm und mild.
Die Art *L. aurantiacum (Bull. ex Fr.) S. F. Gray* wächst in Laubwäldern und Heiden, unter *Zitterpappeln (!)* (Espen), die Art *L. testaceo-scabrum* bei Birken (!) im Nadelwald. Beide Arten sind von Juni bis Oktober häufig, bisweilen sogar massenhaft verbreitet. Beide sind sehr ergiebige, wenig madige und wohlschmeckende *Speisepilze*, besonders zu empfehlen als Pilzschnitzel. Sie eignen sich auch zum Einmachen in Essig sowie zum Trocknen. Junge Rotkappen, deren Köpfchen noch klein, deren Stiel aber schon hochgeschossen und kräftig entwickelt ist, sehen oft großen Zündhölzchen ähnlich. Verwechseln kann man sie nur mit anderen Birkenpilzen, die auch eßbar sind.

15 Großer Gelbfuß

Gomphidius glutinosus (Schff.) Fr.

Grosser Schmierling, Kuhmaul

Der *Hut* des mittelgroßen, aber stattlichen Pilzes mit fast kreiselförmiger Gestalt hat 5–10 cm Durchmesser, ist kahl und glatt, halbkugelig, polsterförmig gewölbt bis flach ausgebreitet, schließlich trichterförmig, oft mit eingerolltem Rande, graubraun bis violettlich, oder fast schokoladebraun, blaßt im Alter aus und wird dann oft schwarzfleckig. Der Pilz ist in der Jugend über die ganze Hutfläche, den Hutrand und die Lamellen auf der Hutunterseite hinweg mit einem glasklaren, *schleimigen Schleier* überzogen, der am Hutrande mehr oder minder bald zerreißt und sich schleimigfädig, fast spinnwebartig bis zur Stielspitze fortsetzt. Beim völligen Abreißen bleibt er dort noch einige Zeit als dickschleimiger, von den Sporen angeschwärzter »Ring« erhalten. Die *Lamellen* sind dick, stumpfschneidig, breit und weich, wie wächsern, ziemlich entfernt stehend und gegabelt, laufen am Stiel sehr weit bogenförmig herab, sind anfangs weißlichblaß, bald grau und schließlich von den Sporen schwärzlich. Die Blattflächen erscheinen wie behaart. Die Lamellen sind vom Hutfleisch leicht ablösbar.
Das *Fleisch* ist weich, weißlich bis schmutziggrau, im Stiele brüchig, am Stielgrunde leuchtend zitronengelb, *riecht* kaum merklich und *schmeckt* mild.

Der Große Gelbfuß wächst von Juli bis Oktober sehr gesellig, meistens truppweise und ziemlich häufig in Nadelwäldern, besonders im Gebirge, und ist an Waldrändern, Schneisen und bei Jungfichten dankbar zu sammeln. Er ist ein weichfleischiger, nicht sehr haltbarer, aber schmackhafter *Speisepilz*, besonders als *Mischpilz*, eignet sich aber wegen seiner sulzigen Beschaffenheit weder zum Trocknen noch zum Einkochen, dagegen vortrefflich zu Suppen und Soßen. Im Walde hält man den jungen Schmierling, namentlich wenn er auf grasigen Schneisen wächst, wo der Butterröhrling, Nr. 7, oder der Körnchenröhrling, Nr. 8, ebenfalls zu Hause ist, sehr leicht für einen solchen Röhrling, bis man ihn aufnimmt und unter der Schleimschicht anstelle von Röhren die Lamellen erblickt. Er wird wenig von Maden befallen. Man tut gut, ihn schon draußen im Walde zu putzen und von seinen Schleimschichten zu befreien, weil er allzugern Nadeln, Laub und Erde festhält und damit alles übrige Sammelgut im Korbe verschmutzt. Die Huthaut läßt sich mit einiger Übung auf einmal abziehen.
Dem großen Kuhmaul ähnlich ist der kleinere, 3–8 cm breite, gleichfalls eßbare, bei Lärchen wachsende Fleckende Gelbfuß, *Gomphidius maculatus* (Scop.) Fr., mit rosa- bis hellrotem Hut. Seine blaß rauchschwarzen Lamellen werden an Druckstellen weinrot oder rostfleckig und sein schleimiges Velum verschwindet bald. Sein Stiel ist von gelben bis blutroten Tröpfchen braun-rot schuppig punktiert. Hutrand und Stielgrund laufen bei Bruch weinrot an.

16 Kupferroter Gelbfuß

Chroogomphus rutilus (Schff. ex Fr.) O. K. Miller

KUPFERROTER SCHMIERLING

Der Pilz ist von mittlerer Größe und kreiselähnlicher Gestalt. Sein *Hut* ist 4–12 cm breit, anfangs kegel- bis glockenförmig, dann abgeflacht und spitz gebuckelt, nicht schleimig, kahl bis feinschuppig, kupferrot oder auch weinrötlich, im Alter ausblassend. Die Lamellen sind dick, von keiligem Querschnitt, entfernt, am Stiele weit herablaufend, jung orangegelb bis graurötlich oder schokoladefarben, oft mit fleischroter Schneide. Der *Stiel* ist 5–10 cm hoch, etwas heller als der Hut, anfangs fast schuppig-faserig beringt, abwärts verjüngt und safrangelb, das *Fleisch* orangegelb bis rötlich und im Stielgrunde mehr gelb. Er ist ein sehr wohlschmeckender *Speisepilz*.
Man findet den Kupferroten Gelbfuß von Juli bis Oktober (November) in Nadelwäldern, besonders unter Kiefern verbreitet, aber nur ortsweise häufig, doch standortstreu.

15 Großer Gelbfuß

16 Kupferroter Gelbfuß

17 Kahler Krempling giftig

Paxillus involutus (Batsch) Fr.

Empfindlicher Krempling

Der *Hut* des Pilzes ist mittelgroß, anfangs flachgewölbt, dann ausgebreitet bis niedergedrückt, bisweilen schließlich trichterförmig, 5–12 (15) cm breit, glatt, glänzend, bei Nässe schmierig, am lange Zeit scharf eingerollten Rande furchig gestreift und anfangs feinfilzig bis zottig, trüb ockergelb bis olivfarben oder rotbraun. Die *Lamellen* sind breit, laufen weit herab, oft am Stiel auch miteinander queraderig verbunden, sind olivgelb bis ockerbraun, sehr druckempfindlich, flecken sofort dunkelbraun und lassen sich vom Hutfleisch sehr leicht ablösen. Der *Stiel* ist voll und fest, am Grunde manchmal verdickt, kahl, von der Farbe des Hutes oder auch blasser, auf Berührung sofort dunkelfleckig, 5–8 cm hoch und meist zentral, ganz selten seitlich angesetzt. Das *Fleisch* ist holzgelblich, läuft bei Druck und Verletzung bräunlich an und *riecht* und *schmeckt* angenehm säuerlich. Der Pilz muß, neuesten Forschungen nach, als *»giftig«* gelten! Nach wiederholtem Kremplingsgenuß kann es zu schwersten *Vergiftungen* kommen.
Seine *»Giftigkeit«* bei Rohgenuß war schon lange bekannt.
Der Kahle Krempling ist sehr verbreitet von Juli bis November, häufig in Nadelwäldern, seltener im Laubwald, besonders auf Moorboden, in Anlagen und Gärten oder in Feldgebüschen, auf der Erde und an Stümpfen. Er ist kaum zu verwechseln, höchstens mit einem jungen Samtfuß-Krempling, Nr. 18. Nur von weitem ähnlich ist der sogenannte Mordschwamm oder Tannenreizker, *Lactarius necator (Bull. em. Pers. ex Fr.) Karst.*, ein düsterfarbiger Milchling, olivgrün oder olivbraun bis olivschwarzgrün, der zwar sehr scharf schmeckt, aber noch keinen umgebracht hat und nur nach geeigneter Vorbehandlung eßbar ist. In den ostdeutschen Gebieten galt der Pilz mit dem so gefährlich klingenden Namen als Speisepilz.

18 Samtfuß-Krempling !

Paxillus atrotomentosus (Batsch) Fr.

Der *Hut* des mittelgroßen bis großen Pilzes ist oliv- bis rostbraun, stark eingerollt, dann flach bis trichterförmig, anfangs feinsamtig, später lederig und kahl, bei Trockenheit oft rissig, 8–15 (20) cm breit, und trichter- oder muschelförmig. Die *Lamellen* sind ockergelb, gedrängt, aderig herablaufend, gabelig miteinander verbunden und vom Hutfleisch leicht ablösbar. Der *Stiel* ist bis 6 cm hoch, 4 cm breit, also kurz

und gedrungen, oft wurzelnd, braun, mit dichtem, schwarzbraunem Samtfilz bekleidet, meist exzentrisch, das heißt seitlich angesetzt. Das *Fleisch* ist weiß bis holzgelblich, schwammig, stark wässerig und *schmeckt* und *riecht* säuerlich bis bitterlich. Der Pilz ist jung eßbar, alt und roh genossen jedoch bitterlich und widerlich tintenartig, sogar *giftig.* Mit Essig gut abgekocht (Kochwasser weggießen) und fein aufgeschnitten, als Salat brauchbar? Empfindliche Leute mit schwachen Verdauungsorganen dürfen ihn überhaupt nicht essen.
Der Samtfuß-Krempling *wächst* meist an Stümpfen, in Nadelwäldern, von Juli bis Oktober, meistens einzeln oder in kleinen Gruppen, aber häufig. Mit einem anderen Pilz kann er kaum verwechselt werden.
Der Samtfuß-Krempling ist neben dem Gallen-Röhrling, Nr. 3, die größte »Plage« für den Pilzberater.

19 März-Schneckling

Hygrophorus marzuolus (Fr.) Bres.

Der 5–7 (10) cm breite, jung stumpfkonisch, bald gewölbt polsterförmige, auch scheibenförmige, wenig verbiegende *Hut* hat einen jung stark eingebogenen, alt wenig abgebogenen, seltener abstehenden, etwas hochgeschlagenen *Rand.* Die jung silbergrauen, bald rußiggrauen oder graubraun gefärbten, düster wirkenden Hüte haben nicht selten stark entfärbte bis weiße Flecken und eine in Streifen völlig abziehbare Huthaut.
Die etwas entferntstehenden, untermischten, seltener vereinzelt gegabelten *Lamellen* sind weiß, am Hutrand zart grau, scheinen zart blaugrau und werden beim Liegen elfenbeinfarbig. Der um 5 cm lange, 1 bis 2 cm dicke, zylindrische, zuweilen schwach längsgrubige *Stiel* hat eine glatte oder etwas angeschwollene Basis. Die oben fast weißen, zur *Basis* hin zart grau gefärbten, feinwollig besetzten (Lupe) Stiele werden an Druckstellen schmutziggrau. Das *Fleisch* ist im Hut weiß, unter der Huthaut und über den Lamellen zart grau, schwammig. Im Stiel ist es weiß, in den Randzonen etwas grau und schwammig. *Geruch:* schwach süßlich, wie Ligusterblüten. *Geschmack:* mild. *Wert:* eßbar.
Vorkommen: März bis Mai, in Laub- und Nadelwäldern, auf lehmigsandigen Böden, gesellig, oft ganze Nester bildend, sehr versteckt unter Moospolstern oder im Fallaub wachsend. Im Mittelgebirge, im Schwarzwald, im Voralpenland und im Alpengebiet vorkommend, aber auch da nur stellenweise. Die örtlichen Pilzvereine, besonders in der Schweiz, veranstalten oft als ersten Pilzausflug eine März-Schnecklingsjagd.

17 Kahler Krempling

18 Samtfuß-Krempling

19 März-Schneckling

20 Elfenbein-Schneckling

Bemerkung: Der März-Schneckling ist durch das frühe Erscheinen, seine Farbe und den süßlichen Geruch kaum verwechselbar. Oft sucht man in seinem Sammelgebiet jahrelang vergebens nach dem März-Schneckling, um ihn eines Tages, welche Freude, doch noch zu entdecken.

20 Elfenbein-Schneckling

Hygrophorus eburneus (Bull. ex Fr.) Fr.

Der 3–8 cm breite, jung halbrunde, bald flachgewölbte, alt scheibenförmig, ja sogar trichterförmig werdende, stark schleimige *Hut* hat jung einen eingerollten, alt einen abgebogenen bis abstehenden *Rand.* Die reinweißen, nur in der Mitte minimal cremeweiß schimmernden Hüte verfärben auch bei längerem Liegen nicht. Die in normalem Abstand stehenden, untermischten, am Stiel angewachsenen, etwas bogig strichartig herablaufenden, etwa 0,4 cm dicken *Lamellen* sind rein weiß und bleiben auch so.

Der bis 10 cm lange, 0,5–0,8 (1) cm dicke, zylindrische oder etwas verjüngte, nicht selten verbogene, *Stiel* hat eine kurz zugespitzte *Basis.* Die im Oberteil etwas wolligfilzigen, zur Basis hin fast glatten, schmierigen Stiele sind weiß gefärbt und an der Basis zart ockerlich getönt.

Bermerkung: Gibt man einen Tropfen Kalilauge auf die Stielbasis, wird diese rasch feurig-orange. Das *Fleisch* ist im Hut weiß und schwammig, im Stiel weiß und etwas faserig. *Geruch:* kaum ausgeprägt, etwas seifenartig. *Geschmack:* mild. *Wert:* eßbar.

Vorkommen: besonders im Herbst, in Laubwäldern; bei Buchen oft sehr gesellig wachsend.

Verwechslungsmöglichkeiten: Es gibt mehrere, ihm nahe verwandte und ähnliche Schnecklinge, die sich durch besondere Merkmale und oft arteigene Standorte unterscheiden. Eine besonders auffällige und schöne Art ist der Goldzahn-Schneckling, *Hygrophorus chrysodon (Batsch.) Fr.,* der am *Hutrand,* besonders aber im *Stieloberteil* dicht mit gelben (goldgelben) Tröpfchen (Flöckchen) besetzt ist, die sich vom sonst weißen Fruchtkörper stark abheben. In Laubwäldern, besonders unter Buchen, wächst oft massenhaft der Verfärbende Schneckling, *Hygrophorus cossus (Sow. ex Bk.) Fr.* Er gleicht in der Form dem Elfenbein-Schneckling, beginnt sich aber bald, am *Hutrand* anfangend, in den *Lamellen* und am *Stiel* braunorange bis rostgelblich zu verfärben. Der Verfärbende Schneckling ist stark schleimig, riecht eigenartig, überständig, süßlich und ist *ungenießbar.* Gibt man einen Tropfen Kalilauge auf den Hut oder auf die Stielbasis, verfärben diese rasch braun. Sammelt man einige Verfärbende Schnecklinge ein, bleibt mit dem Schleim auch der störende »süßliche Geruch« sehr lange an den Händen haften.

21 Wiesen-Ellerling

Camarophyllus pratensis (Pers. ex Fr.) Karst.

ORANGE-ELLERLING

Der Pilz ist klein bis höchstens mittelgroß und fast kreiselförmig. Der *Hut* ist 3–7 (10) cm breit, anfangs glockig, dann gewölbt und gebuckelt bis abgeflacht, zuletzt in der Mitte niedergedrückt bis vertieft, matt und trocken, hellgelblich oder ockergelb, auch ledergelb bis orangefuchsig, mit scharfem und dünnem Rande, bei Feuchtigkeit mit wässeriger Randzone. Die *Lamellen* sind sehr entfernt, dick, wachsartig, queraderig, am Stiel weit herablaufend und meistens wie der Hut gefärbt. Der *Stiel* ist 4–8 cm hoch, allmählich verbreitert in den Hut übergehend, abwärts verjüngt, glatt und blaß ockergelblich. Das *Fleisch* ist blaßgelblich bis orangerötlich, wässerig und fast *geruchlos*, der *Geschmack* mild und angenehm.
Der Pilz wächst nur im Herbst, von September bis Oktober (November), an Waldrändern und auf Waldwiesen, im Grase von Viehweiden, aber auch auf Heiden und grasigen Böschungen oder Abhängen, fast immer in Waldnähe, gesellig bis truppweise, aber nur ortsweise häufig, jedoch ziemlich standortstreu. Dieser außerordentlich wohlschmeckende *Speisepilz* ist wenig bekannt, weil man nach Herbstpilzen fast nur im Walde sucht. Wer seine Standorte kennt und ihn schon gegessen hat, schätzt ihn am meisten im Alleingericht. Nach Gestalt, Farbe und Fundort ist er kaum mit einem anderen Pilze zu verwechseln.
Ihm etwas ähnlich an Gestalt, aber weiß, ist der Jungfern-Ellerling, *Camarophyllus virgineus (Wulf. ex Fr.) Karst.* Er ist auch nur klein bis mittelgroß, aber dickfleischig, schmeckt angenehm und ist wegen seines geselligen Vorkommens gut zu sammeln.

22 Grüner Knollenblätterpilz **giftig**

Amanita phalloides (Vaill. ex Fr.) Secr.

SCHIERLINGSCHWAMM

Wenn der Pilz aus dem Waldboden bricht, ist er augenscheinlich von einer weißen, eiförmigen *Gesamthülle* umgeben, dem *»Velum universale«*. Der mittelgroße bis große *Hut* ist beim Zerreißen der *Hülle*

21 Wiesen-Ellerling

22 Grüner Knollenblätterpilz

23 Weißer Knollenblätterpilz

blaßgrün und kugelig bis glockenförmig, dann gewölbt bis ausgebreitet und hat 5–15 (ausnahmsweise 20) cm Durchmesser. Typisch ist er oliv- bis graugrün, von eingewachsenen Fasern geflammt und nur noch selten mit vergänglichen *Hüllenresten* als weißliche Flocken behaftet. Die Hutoberhaut ist bei feuchtem Wetter klebrig, bei Trockenheit seidenglänzend und läßt sich leicht abziehen. Die *Lamellen* bleiben weiß und sind weich, ungleich lang, breit, sehr dichtstehend und verschmälert bis frei. Der schlanke, bis 12 cm hohe *Stiel* ist weiß oder gelblich, bisweilen auch grünlich *»genattert«* und trägt eine gleichfarbige, herabhängende *Manschette*, die zuvor als Sporenlagerhülle zwischen Hutrand und Stiel ausgespannt war, beim Wachstum zerrissen ist und noch die Spuren ihrer Herkunft aus den Lamellenschneiden als deutliche Riefung erkennen läßt. Der *Stiel* ist zuerst voll, bald aber von der Spitze aus hohl und hat am Grund eine deutlich abgesetzte, dicke, rundliche und von einer weißlichen, dickhäutigen, blattartig lappigen *Scheide* umhüllte, tief im Boden steckende *Knolle*. Das *Fleisch* ist weiß und weich, unter der Huthaut bisweilen grüngelblich durchzogen und *schmeckt* mild. Geschmacksprobe bitte unterlassen, da lebensgefährlich *giftig!* Der arteigene, zuerst schwache, honigartig süßliche *Geruch* wird zunehmend stärker, schließlich aufdringlich und widerlich. Ein Kartoffelgeruch deutet auf Verwechslung mit dem Gelben Knollenblätterpilz (bei Nr. 23).
Der Grüne Knollenblätterpilz wächst vom Hochsommer bis Herbst nicht selten in Laub- (und Nadel)wäldern, auch in Gärten und Anlagen, besonders unter Eichen, einzeln oder in kleineren Gruppen und ist schon in geringen Mengen *tödlich giftig.*
Ähnlichfarbige Pilze, wie grüne Täublinge oder Ritterlinge, haben weder *Ring* noch *Manschette.* Der Grünling, Nr. 36, hat außerdem gelbe Blätter und gelbes Fleisch. Bei grünen Täublingen ist eine Verwechslung besonders dann möglich, wenn die Pilze abgeschnitten, also nicht mit dem Stiel ausgehoben werden. Die wichtigsten Unterscheidungsmerkmale sind dann nicht mehr vorhanden. Nun läßt nur noch die starre Haltung und Brüchigkeit (typische Täublingshaltung) von Hutfleisch und Lamellen ihn als Täubling erkennen, freilich nur dem erfahrenen Pilzkenner. Die beliebten Egerlinge, allbekannt als »Champignons«, geben ebenfalls zu Verwechslungen Anlaß, zeigen jedoch einen deutlichen Farbenwechsel ihrer Lamellen von Milchkakaofarben bis zum dunkelsten Schokoladebraun. Im eiförmigen Jugendzustand ist auch eine Verwechslung mit jungen Bovisten möglich, kann aber im Längsschnitt durch den Pilz rasch erkannt werden. *Zu junge Pilze, an denen die Artmerkmale noch nicht deutlich erkennbar sind, lasse man lieber stehen!*

Die meisten aller ernstlichen *Pilzvergiftungen* gehen auf die Knollenblätterpilze zurück. Darum tut jeder Anfänger gut, alle Wulstlinge zunächst überhaupt zu meiden oder nur solche Pilze zu genießen, die von einem erfahrenen Pilzkenner als eßbar begutachtet sind. Die Verwechslung ist lebensgefährlich! Leichtsinnigen Leuten sind *Giftpilze* um so gefährlicher, als sie verlockend aussehen, jung gar nicht unangenehm riechen und durchaus nicht schlecht schmecken. Keinerlei Magen- oder Darmstörung macht fürs erste auf eine *Vergiftung* aufmerksam; sie wird deshalb oft erst nach 10 bis 40 Stunden, also mit gefährlicher Verspätung, erkannt. Das *Gift* ist mittlerweile in den Blutkreislauf gelangt, zersetzt das Blut und zerstört die lebenswichtigen Organe, vor allem die Leber, noch ehe der *Arzt* eingreifen kann. Bei Unpäßlichkeiten, die erst längere Zeit nach dem Pilzgenuß eintreten, besteht also höchste Gefahr, und der *Arzt* ist sofort zu rufen.
Bemerkung: Eine völlig weiße *Form* des Grünen Knollenblätterpilzes (var. *verna Bull.*) wächst schon ab Juni, vor ihr muß besonders gewarnt werden.

23 Weißer Knollenblätterpilz **giftig**

Amanita verna (Bull. ex Fr.) Pers. ex Vitt.
(Amanita virosa Lam. ex Secr.)

KEGELHÜTIGER KNOLLENBLÄTTERPILZ

Auch der Weiße Knollenblätterpilz bricht mit eiförmiger *Gesamthülle* aus dem Waldboden. Sein kleiner bis mittelgroßer *Hut* ist spitzkegelig, am *Rand* oft lang eingebogen, dann glockig und selten ganz aufgewölbt, mit 3–7 (12) cm Breite. Er ist bei Nässe schmierigklebrig, bei Trockenheit seidenglänzend, in der Hutmitte elfenbeinfarbig bis fuchsig überhaucht, bisweilen noch auf dem *Hut* oder am Rande mit *Hülleresten* behaftet. Die Huthaut ist abziehbar. Die *Lamellen* sind reinweiß, weich, schmal, ungleich lang, fast entfernt und frei, mit flockiger Schneide. Der *Stiel* ist gleichmäßig dick, bis 15 cm hoch und schlank, weißfaserig oder schuppig, ausgestopft bis hohl, mit dünner, weißer, lappig-flockig herabhängender, vergänglicher, geriefter *Manschette* und endigt in eine runde *Stielknolle*, die von einer großen weißen und häutigen, oft anliegenden *Scheide* umhüllt ist. Sie steckt gewöhnlich ziemlich tief im Boden. Das *Fleisch* ist weiß, weich, riecht anfangs schwach süßlich, bald aber dumpfig, an Apotheke erinnernd und schließlich widerlich, hat jedoch einen milden, etwas rettichähnlichen *Geschmack.* Geschmacksprobe bitte unterlassen, da lebensgefährlich *giftig!*

Seinen Standort hat der Pilz vorzugsweise in Fichtenwäldern auf moosigem Grund (in Mischwäldern unter Buchen), vom Hochsommer bis tief in den Herbst, meist einzeln oder in losen Gruppen und ortsweise häufig. Er ist tödlich *giftig*.
Von Anfängern wird er häufig für einen »Champignon«, also einen Egerling, gehalten, mit dem er tatsächlich oft zusammen vorkommt. Der Weiße Knollenblätterpilz ist der lebensgefährliche Doppelgänger des Schaf- oder Anis-Egerlings, Nr. 29. Dieser unterscheidet sich vom Weißen Knollenblätterpilz sowohl durch den Mangel von *Knolle* und *Scheide* als auch durch den artkennzeichnenden Farbenwechsel seiner *Lamellen* von zartem Graurosa bis zu dunklem Schokoladebraun sowie durch langsames Gilben und angenehmen Anisgeruch!
Den Giftwulstlingen recht ähnlich sind bisweilen blassere bis gelbgrünliche Stücke des Gelben Knollenblätterpilzes, *Amanita citrina (Schff.) S. F. Gray*. Sein *Hut* ist klein bis mittelgroß, 5–10 cm breit, blaß zitronengelb, bisweilen auch fast weiß oder schimmernd gelbgrünlich, halbkugelig bis flachausgebreitet, immer klebrigglänzend und mit fast gleichfarbigen bis bräunlichen und leicht abwischbaren, filzigen *Hülleresten* besetzt. Die Lamellen sind weißlich und fast frei. Der 8–12 cm hohe und schlanke *Stiel* hat die Farbe des Hutes, an der Spitze eine filzige, weißliche oder gelbliche, hängende Manschette und am Grund eine derbe, kugelige *Knolle* mit angewachsener, jedoch topfähnlich abgesetzter, kantiger *Scheide*. Das *Fleisch* ist weiß und weich, *riecht* dumpfigscharf nach *rohen Kartoffeln!* und schmeckt rübenähnlich. Der Pilz wächst von Juli bis November allerorts häufig im Nadel-, seltener im Laubwald und ist ungenießbar, aber nur in größeren Mengen schwach giftig (Verdauungsstörungen!). Sein Gift, das Mappin, ist nach Th. Wieland identisch mit dem Sekret Bufotenin der Kröte *(Bufo bufo)*. Obwohl verhältnismäßig harmlos, muß er wegen sehr leichter *Verwechslung mit den hochgiftigen Knollenblätterpilzen* unbedingt gemieden werden.
Etwas ähnlich ist ihnen auch der Narzissengelbe Wulstling, *Amanita gemmata (Fr.) Gill.* Sein *Hut* ist wachsgelb oder satt zitronengelb bis dottergelb und blaßt im Alter etwas aus. Er ist 3–10 cm breit, feingerieft, hat weiße *Lamellen*, einen ziemlich gedrungenen, weißen *Stiel* mit sehr vergänglicher und deshalb oft nicht mehr erkennbarer *Manschette*, ohne richtige *Knolle*, dagegen mit dicker und stulpenähnlicher *Scheide*, die sich abziehen läßt. Trotz seines meistens gedrungenen Aussehens ist der Pilz ziemlich gebrechlich (!), ohne *Geruch* und *Geschmack* und wohl kaum *giftig*, aber wegen *Verwechslung* mit den *giftigen* Knollenblätterpilzen von Anfängern unbedingt zu meiden. Die Verwechslung ist lebensgefährlich.

24 Pantherpilz

25 Gedrungener Wulstling

24 Pantherpilz giftig

Amanita pantherina (DC. ex Fr.) Secr.

PANTHERWULSTLING

Der *Hut* des mittelgroßen Pilzes ist graubraun bis schwarzbraun, alt ausblassend, halbkugelig gewölbt bis polsterförmig, bald aufgeschirmt, 5–10 (12) cm breit, mit kleinen, ziemlich regelmäßig angeordneten, reinweißen, mehligen, spitzflockigen *Hülleresten*, *feingerieftem Rand* und oft schmierig glänzender, leicht abziehbarer Oberhaut. Die *Lamellen* bleiben reinweiß, sind frei, dichtgedrängt, zum Stiele hin verschmälert und haben eine dicke, bewimperte *Schneide*. Der *Stiel* ist schlank, weiß, faserig bis feinflockig, ausgestopft, bald hohl und hat eine weiße, häutiglappige, weite, meist schief herabhängende ringähnliche *Manschette ohne Riefung*. Der Stielgrund zeigt eine kugelige *Knolle* mit deutlich abgesetzter, dickwulstiger weißer *Scheide*, worin er »wie eingepfropft« erscheint (»Bergsteigersöckchen«), darüber oft noch ein bis zwei *gürtelartige* Ringe. Das *Fleisch* bleibt weiß, auch unter der Huthaut, riecht dumpfig und schmeckt *rettichähnlich*. Geschmacksprobe restlos ausspucken, »giftig«.

Pantherpilz

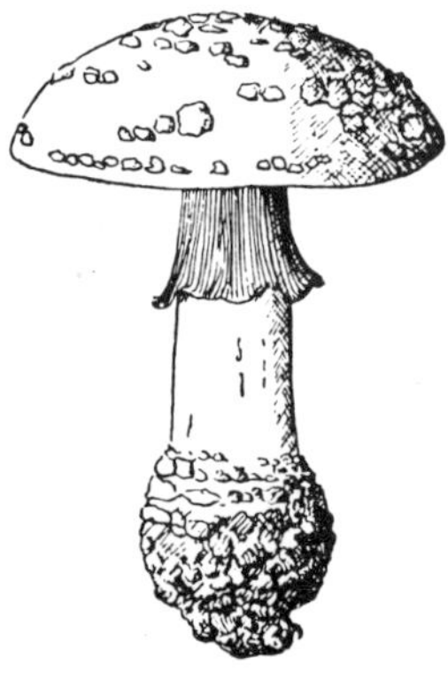

Gedrungener Wulstling

Der Pilz wächst meist einzeln im Sommer und Herbst im Laub- und Nadelwald oder im Grase des Fichtennachwuchses, sieht einem gedrungenen Wulstling, Nr. 25, ziemlich ähnlich und ist ein gefährlicher, *giftiger* Doppelgänger dieses nur für gute Kenner empfehlenswerten eßbaren Pilzes. Eine Gegenüberstellung der beiden zeigt die Abb., welche die Unterscheidungsmerkmale sehr deutlich macht. In älteren Pilzbüchern, die leider noch von vielen Sammlern benützt werden, ist der Pantherpilz anstelle von *Amanita spissa* für eßbar erklärt worden, ein verhängnisvoller Irrtum, dem zahlreiche schwere Erkrankungen und einzelne Todesfälle zur Last gelegt werden müssen. Erst Neuhoff (1920) hat ihn richtig erkannt. Der Pantherpilz ist ein gefährlicher *Giftpilz!* Der Anfänger meide vorsichtshalber alle Wulstlinge, auch den Perlpilz, Nr. 27, der in bräunlichen Exemplaren einem Pantherpilz recht ähnlich sehen kann. Die Verwechslung ist lebensgefährlich!

25 Gedrungener Wulstling !

Amanita spissa (Fr.) Kummer

GRAUER WULSTLING

Der *Hut* des stattlichen, mittelgroßen Pilzes ist 5–15 cm breit, halbkugelig bis mehr oder weniger abgeflacht, in der Farbe sehr veränderlich, silbergrau bis graubraun, meist mit grauen, dauerhaften Hülleresten behaftet und am *Rande nicht gerieft.* Die *weißen* Lamellen sind weich, bauchig, breit, am Stiel abgerundet und haben eine flockige *Schneide.* Der gedrungene, stämmige *Stiel* ist weiß, grauweißlich oder wird grau und trägt eine hochsitzende, weiße, unterseits graue, lang herabhängende und stets *geriefte Manschette* (Ripsmuster). Der Stielgrund endigt in einer derben, nicht deutlich abgesetzten, mit mehreren Warzenkränzen geschmückten und stumpf zugespitzten *Knolle* ohne *Scheide.* Das *Fleisch* ist weißlich, oft etwas bräunlich verfärbt, unter der Huthaut am Scheitel graulich, riecht schwach, etwas rüben- oder rettichähnlich und *schmeckt* mild, roh mit rübenähnlichem Beigeschmack.
Der Pilz wächst oft schon sehr früh, manchmal von Mai, häufiger aber von Juni bis Oktober, meist einzeln, aber nicht selten in Laub- und besonders in Nadelwäldern, bisweilen in der Nachbarschaft des Pantherpilzes, Nr. 24, mit dem er leicht verwechselt werden kann. Für den Kenner ist er ein geschätzter Speisepilz, vor allem *Mischpilz,* vom Anfänger aber besser zu meiden, solang ihm die Unterscheidung vom *giftigen* Pantherpilz nicht völlig geläufig ist. Die Verwechslung ist *lebensgefährlich!* Siehe die Gegenüberstellung der beiden auf der Tafel! Die sehr ähnlichen braunen Formen des Fliegenpilzes haben wie die typische rote Art unter der Hutoberhaut zitronengelbe Tönung des Fleisches. Der oft recht ähnliche Perlpilz, Nr. 27, hat ebenfalls eine geriefte Manschette und stets rötendes Fleisch. Zu *junge Pilze,* an denen die Artmerkmale noch nicht deutlich erkennbar sind, lasse man lieber stehen!

26 Fliegenpilz **giftig**

Amanita muscaria (L. ex Fr.) Hooker

IM MITTELALTER: »NARRENSCHWAMM«

Der schöne und oft sehr große Pilz (bis 25 cm und sogar darüber) kommt augenscheinlich mit der *Gesamthülle* aus dem Waldboden. Sein *Hut* ist bald halbkugelig bis abgeflacht, leuchtend scharlach- oder orangerot mit artkennzeichnenden schneeweißen oder gelblichen, warzigen *Hülleresten*, die sich bei Nässe leicht abwischen lassen. Am Waldrande freistehend blaßt er oft aus. Die Huthaut ist leicht abziehbar. Die *Lamellen* bleiben reinweiß, sind dichtstehend, bauchig, am Stiele fast frei und zeigen eine flockige Schneide. Der schlanke und kräftige, bis 25 cm hohe *Stiel* ist weiß, nach oben verjüngt, anfangs voll oder ausgestopft, später hohl, trägt eine weißliche, angewachsene, derbe, herabhängende und geriefte *Manschette* und endigt am Grund in einer dikken, wulstigen *Knolle*, die mit mehreren Gürteln weißschuppiger Warzenkränze geziert ist. Das *Fleisch* ist weiß und weich, unter der *Hutoberhaut zitronengelb*, *riecht* nur ganz schwach und schmeckt mild. Auch beim Fliegenpilz bei der Geschmacksprobe äußerste Vorsicht! Schon Jungpilze sind im Längsschnitt an der *zitronengelben Färbung unter der Huthaut* unschwer zu erkennen. Der Fliegenpilz variiert auch in zitronengelben und gelbbraunen Formen *(Am. regalis Fr.) R. Mre.* Man findet ihn überall, im Nadel- und Laubwald, unter Birken am Moor, im dichtesten Waldesdunkel und auf der sonnigen Lichtung oder am Waldrand, oft truppweise von Juni bis Oktober und gern in der Nachbarschaft des Steinpilzes. Wieviel auch um die Genießbarkeit des Fliegenpilzes gestritten wird, es ist dennoch vor ihm zu warnen. Er bleibt ein gefährlicher *Giftpilz* und ist zuweilen *tödlich giftig.*

Knolle des Fliegenpilzes

Als Glückspilz ist er aller Welt bekannt und jedermann meint, ihn zu kennen. Wenn er aus der Erde schlüpft, ähnelt er oft einem weißen Ei. Dicke, zuweilen noch dicht geschlossene krümelige Warzenkränze schmücken es plastisch; von der künftigen Farbigkeit ist noch nicht viel zu erkennen. Bald aber zerreißt die Hülle zu vielen, vom Regen leicht abwaschbaren *Flocken*, zwischen denen es schön orange- bis blutrot herausfunkelt. Binnen ein bis zwei Tagen beginnt der Pilz sich mächtig zu strecken und aufzuschirmen, erst glockenförmig, bald aber weitausladend in prächtigem Scharlachrot zu leuchten und mit dem weißflockigen Schmuck seiner Hüllereste zu prunken: »Ein Männlein steht im Walde ...« Aller Zauber des Märchens umweht ihn, und er ist wirklich

27 Perlpilz

26 Fliegenpilz

der König der bunten Kobolde des Waldes. Aber er ist auch *gefährlich*, und zwar nicht nur den Fliegen, zu deren Bekämpfung er früher in Milch oder Zuckerwasser angerichtet wurde. Geheimnisvolle und unfreundliche, oft tückische Kräfte wirken in ihn, und vom Rausch bis zur unsinnigen Wut der Berserker führt sein Genuß durch Himmel und Hölle des Wahns und gar nicht so selten zum Tode. Sein Gift ist ein Nervengift und nur in der Hand des Arztes, vorsichtig dosiert, auch ein Heilmittel.

Ein hochedler Doppelgänger, aber äußerst selten, so daß man ihn ein Leben lang nicht zu Gesicht kriegen kann, ist der Kaiserling, *Amanita caesárea (Scop. ex Fr.) Pers. ex Schw.* Er ist unserem Fliegenpilz ähnlich. Sein Hut ist leuchtend rot bis orange, mit gelben Lamellen, gelbem Stiel und gelber Manschette, aber mit einer reinweißen, großen, derbhäutigen und zerschlitzten *Scheide* am bauchigen *Stielgrunde.* Das Fleisch ist weiß, gelb gerandet und wohlschmeckend. Man findet den Pilz am Oberrhein, in der Pfalz, in Böhmen, Südtirol (da sogar Marktpilz) und im Burgenland. Er galt als Leckerbissen (»Princeps fungorum«) an der römischen Hoftafel und ist vielleicht mit den Feinschmekkern der römischen Besatzung nach Deutschland gekommen. Seiner großen Seltenheit wegen ist er zu schonen.

27 Perlpilz

Amanita rubescens (Pers. ex Fr.) S. F. Gray !

PERLWULSTLING, MOPS, SCHÄLPILZ

Der *Hut* des mittelgroßen Pilzes ist halbkugelig bis abgeflacht, 5–15 cm breit, von recht verschiedenem Aussehen, groß und derb oder klein und zierlich, hellrötlich, fast weiß bis fleischfarbig oder kupferrötlich bis braun in allerlei Farbschattierungen, im Alter schließlich auch violettlich.

Die blaßfarbigen, aber nie reinweißen und meistens ziemlich flachen, warzigen *Hüllereste* sind anfangs auf dem Hute dicht gedrängt, aber leicht abwischbar und nach starken Regengüssen oft abgewaschen, so daß der Hut auch kahl erscheint. Die *Huthaut* ist beim Perlpilz leicht abziehbar.

Die *Lamellen* sind am Stiel angeheftet, ungleich lang, weiß und häufig rötlich.

Der *Stiel* ist mehr oder weniger fleischrötlich, jung voll, später hohl, schlank und stämmig, bis 15 cm hoch und hat eine große, weiße oder gelbliche bis grauviolette, hochhängende, zähe, stets deutlich *geriefte Manschette.* Nach unten ist der *Stiel* keulig verdickt und endigt

allmählich ohne deutlichen Absatz in eine kräftig beschuppte, bisweilen auch glatte *Knolle* ohne *Scheide.* Das Fleisch ist weiß, unter der Hutmitte fleischrot und rötet an der Luft langsam fleischfarbig, wo Bruch und Schnitt oder Tierfraß es irgendwie verletzt haben, besonders an der *Stielbasis* und in den *Madengängen.* Daran ist dieser Pilz, mag er auch sonst noch so veränderlich sein, am leichtesten zu erkennen. Der *Geruch* ist angenehm, der *Geschmack* mild, aber mit kratzendem Nachgeschmack. Der Perlpilz ist *roh giftig*, gekocht aber ein zartfleischiger, wohlschmeckender und leichtverdaulicher *Speisepilz* und ein beliebter Marktpilz. Zu schneller Reinigung enthäutet man ihn. Zum Trocknen eignet er sich nicht!
Im Laub- und Nadelwald wächst der Perlpilz überall oft schon früh, von Sommeranfang bis zum Spätherbst, meist einzeln, aber weitverbreitet, zuweilen auch massenhaft. Bemerkenswert ist der Falsche Perlpilz, *Amanita pseudorubescens Herrf.*, eine zweifelhafte, angeblich *giftige* Art! Ihr *Hut* soll dunkelviolettbraun sein, mit spitzigen *Hutwarzen*, grauviolettem *Stiel* und ähnlich getöntem *Ring.* Der Anfänger hüte sich vor Verwechslungen mit dem giftigen Pantherpilz, Nr. 24, und mit braunen Fliegenpilzformen. Auch zu *junge Pilze*, bei denen die Artmerkmale noch nicht deutlich ausgeprägt sind, meide man! – Zudem sind alle Wulstlinge, *roh* genossen, mehr oder weniger *giftig.*

28 Scheidenstreifling

Amanita vaginata (Bull. ex Fr.) Quél. !

Der *Hut* des kleinen bis mittelgroßen Pilzes hat 4–12 cm Durchmesser, ist anfangs eiförmig und ganz oder teilweise noch in der sogenannten *»Gesamthülle«*, bald glockig bis polsterförmig und schließlich abgeflacht, oft auch gebuckelt, mit deutlichem, ein Drittel der Hutbreite messendem *enggestreiftem Rand*, bleigrau bis weißgrau, zuweilen mit losen, filzigen oder warzigen, leicht abfallenden grauweißlichen *Hülleresten* bedeckt, bald aber nackt. Er ist dünnfleischig, die *Huthaut* ist kaum abziehbar, ohne das Hutfleisch zu verletzen. Die *Lamellen* sind frei oder mit Spitzchen herablaufend, ziemlich dichtstehend, bauchig und weiß. Der *Stiel* ist weißlich bis graulich, 10 cm und höher, *ohne Ring* oder *Manschette*, nach oben verjüngt, anfangs voll, dann röhrig, hohl, von feinen *Hülleresten* flockig-schuppig und sehr zerbrechlich. Der Stielgrund hat keine Knolle und wird von einer großen, dicklappigen und weißlichen *Scheide* wie von einer Tüte lose umhüllt. Das *Fleisch* ist dünn, weiß, sehr zerbrechlich, geruchlos und schmeckt *mild.*
Der Pilz wächst überall im Laub- und Nadelwald, meist einzeln, aber

28 Scheidenstreifling

29 Schaf-Egerling

nicht selten, von (Mai) Juni bis Oktober. Er ist roh *giftig*, jung und gekocht aber eßbar und wohlschmeckend. Zum Transport ist er nicht geeignet, darum kein brauchbarer Marktpilz und schon beim Sammeln in einem eigenen festen *Behälter* von den kräftigeren Pilzen abzusondern. Den Pilz kann man sozusagen wachsen sehen, da die bereits im Boden fertig angelegten Zellen nur feuchter Wärme bedürfen, um sich zu strecken und weiterzuentwickeln.

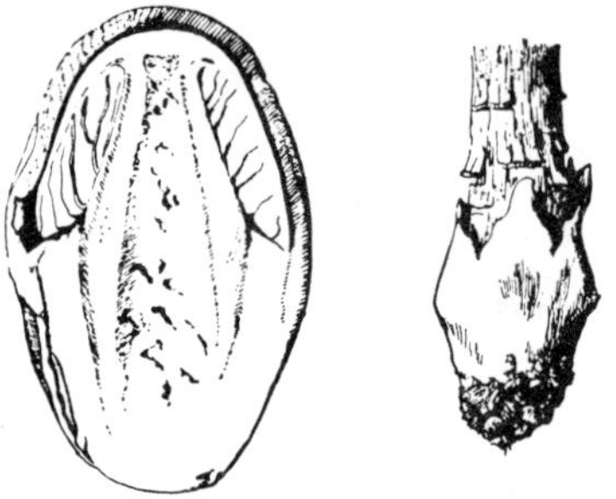

Gesamthülle (links) und Stielgrund (rechts) des Scheidenstreiflings

Die weißen, orangefarbigen und rotbraunen Formen gelten heute als eigene Arten und sind ebenfalls eßbar. Zu junge Pilze, namentlich *weißliche Formen,* sind wegen Verwechslungsgefahr mit dem Weißen Knollenblätterpilz, Nr. 23, von Anfängern unbedingt zu meiden. Der hohe, ringlose Stiel ohne Knolle, umhüllt von der großen, lappigen Scheide, der feingeriefte Hutrand und die leichte Zerbrechlichkeit kennzeichnen ihn hinreichend gegenüber den giftigen Wulstlingen im eigentlichen Sinne.

29 Schaf-Egerling

Agaricus arvensis Schff. ex Fr.

SCHAF-CHAMPIGNON

Der mittelgroße bis große Pilz hat einen dicken und derbfleischigen, in der Silhouette fast viereckigen *Hut* von 5–15 (20) cm Durchmesser, ist anfangs geschlossen, eiförmig, glockig bis halbkugelig, schließlich gewölbt bis flach ausgebreitet, schneeweiß bis cremeweiß, anfangs flockig- oder feinschuppig, dann geglättet, seidenglänzend, bei Trokkenheit auch felderig zerrissen, am *Hutrand* oft noch mit *Schleierresten* behangen. Die Oberhaut gilbt bei Berührung und läßt sich nicht immer leicht abziehen. Die *Lamellen* sind schmal, gedrängt, verschieden lang,

am *Stiel* etwas verschmälert, lange Zeit zuerst blaßgraulich bis fleischfarbig oder graurosa, dann braunrötlich, im Alter dunkelschokoladebraun. Der schlanke, gleichmäßig dicke *Stiel* ist 5–16 cm hoch, weiß, auf Berührung gelbfleckig, am Grunde keulig oder abgesetzt dickknollig und gerandet, anfangs voll, später innen enghohl und trägt einen dicken, zähen, *zweischichtigen*, herabhängenden *Ring*, der unterseits häufig sternförmig aufspaltet, innen schneeweiß und außen flockig oder warzig ist. Das *Fleisch* ist fest, aber zart, unveränderlich weiß, nur im *Stiel* und im Alter bräunlichfuchsig, *riecht* angenehm nach Anis oder Mandel und schmeckt mild, nußartig.
Der Schaf-Egerling wächst von Juli bis Oktober oft herdenweise auf tiefgründigem Boden, meistens am Rande von Nadelwäldern, auf Waldlichtungen, unter Gebüsch in Parkanlagen, auch auf Waldwiesen und Viehweiden am Walde, selten aber im dichten Walde. Er ist ein hochgeschätzter *Speisepilz*. Eine schlanke Form von ihm ist der Dünnfleischige Egerling. *Agaricus silvicolo (Vitt.) Sacc.*, mit einfachem *Ring*, dessen Stielfleisch im Alter braun bis schwärzlich wird. Seine *Stielknolle* ist unten breit abgeflacht (!). Er ist wenig ergiebig. Man verwechsle ihn nicht mit den Karbol- oder Tintenegerlingen *(Agaricus xanthoderma Gen.)*, die nach Karbol, tintenartig oder jodoformähnlich riechen und leicht *giftig* wirken können.
Gefährlich ist die Verwechslung der Weißen Egerlinge mit dem tödlich *giftigen* Weißen Knollenblätterpilz, Nr. 23. Die Knollenblätterpilze haben weißbleibende *Lamellen*, auffallende *Manschetten, bescheidete Knollen* und *riechen* anfangs süßlich, honigähnlich, später aber arteigen widerlich. Im Frühsommer ist auch der Ziegelrote Rißpilz, Nr. 60, der schneeweiß herauskommt, aber langsam ziegelrot verfärbt, erdbraune *Lamellen* hat und unangenehm riecht, als *lebensgefährlicher* Doppelgänger zu fürchten.

30 Wiesen-Egerling

Agaricus campester (L.) Fr.

FELD-EGERLING, BRACHMÄNNLEIN

Der meistens nur mittelgroße Pilz hat einen 3–10 cm breiten, dicken *Hut*, ist anfangs fast kugelig geschlossen, dann lange gewölbt, schließlich abgeflacht, typisch weiß oder trübweiß bis bräunlich, bisweilen gilbend, flockigseidig bis faserschuppig, am *Hutrand* eingebogen, oft überhängend und mit *Schleierresten* behangen. Die *Lamellen* sind breit, frei, dichtstehend, schön rosa bis lachsfarbig oder satt indischrot, zuletzt dunkelschokoladebraun, fast schwarz und verfeuchtend.

30 Wiesen-Egerling

31 Wald-Egerling

32 Riesen-Rötling

Der ziemlich kurze, nur 3–7 cm lange *Stiel* ist zuerst voll, dann ausgestopft, gleichmäßig dick, am Grunde stumpf zugespitzt und bisweilen gilbend, im ganzen weiß bis hellrosa, später dunkler und trägt einen weißen, schmalen, fetzig gesäumten, einschichtigen, dünnen, aufwärts angewachsenen, dann abstehenden, unterhalb etwas schuppigen und oft fetzig zerschlitzten, vergänglichen *Mittenring.* Der Stielgrund erscheint zuweilen von *Hülleresten* gegürtelt. Das *Fleisch* ist weiß und zart, nur im Alter und dann besonders im Stiel etwas rötlich durchzogen oder orangegelb getönt. Der *Geruch* ist schwach, angenehm würzig und erinnert an frisch gesägtes Holz, bisweilen auch an Pflaumen, der *Geschmack* ist mild, nußkernartig. Der Wiesen-Egerling ist ein allgemein bekannter, sehr wohlschmeckender und weichfleischiger *Speisepilz.*
Man findet ihn in guten Jahren schon von (Mai) Juni bis Oktober oft zahlreich auf Wiesen, Viehweiden, aber auch in Gärten, seltener im Walde. Weil er sehr vielfach variiert, wird er leicht mit anderen Egerlingarten verwechselt. Die Gattung der Egerlinge ist leicht erkennbar an den graurosa bis schokoladebraunen Lamellen. Ganz junge Pilze können aber Rätsel aufgeben. Eine Verwechslung mit dem Weißen Knollenblätterpilz, Nr. 23, ist wegen des verschiedenen Standortes meistens nicht zu fürchten. Auf Viehweiden in Waldnähe ist aber immerhin Vorsicht am Platze! Die Verwechslung ist *lebensgefährlich!* Nochmals sei mit allem Nachdruck darauf aufmerksam gemacht, daß immer noch die meisten schweren *»Pilzvergiftungen«* auf Verwechslung der »Champignons« mit ihren lebensbedrohenden Doppelgängern zurückzuführen sind.

31 Wald-Egerling

Agaricus silvaticus Schff. ex Secr.

KLEINER BLUTCHAMPIGNON

Der *Hut* des kleinen bis mittelgroßen Pilzes hat 4–10 (12) cm Durchmesser, ist hell zimtbräunlich, glockig bis halbkugelig, dann gewölbt und schließlich verflacht, auf weißem Grunde von ockerbraunen bis dunkelbraunen Schuppen fein faserschuppig, oft rotfleckig und rotbraun gebuckelt, dickfleischig, aber am Hutrande dünn und oft eingerissen. Die *Lamellen* stehen dicht, sind an beiden Enden verschmälert, graulilablaß bis graurötlich, bei Druck und Verletzung sofort karminrot fleckend, schließlich schokoladebraun, mit weißflockigen Schneiden (!). Der weiße, seltener bräunlichschuppige, auf Druck blutfleckige *Stiel* ist walzenförmig, am Grunde keulig bis knollig verdickt, anfangs

voll, aber bald hohl und trägt einen dünnen, zuerst weißlichen bis rosafarbigen, unterseits weißen, oft tiefstehenden und im Alter rauchbräunlichen *Ring*. Das weißliche *Fleisch* läuft schnell weinrot bis karminrot an und ist später bräunlich. Der *Geruch* ist schwach, etwas holzartig, der *Geschmack* mild, aber bisweilen etwas stockig, erdig.
Der Wald-Egerling wächst von Juli bis Oktober truppweise in Fichtenwäldern, meistens am Waldrand und wird wegen seiner bodenähnlichen Farbe meist übersehen. Er ist ein brauchbarer *Speisepilz*, besonders Mischpilz.
Verwechseln kann man ihn mit anderen *eßbaren* Egerlingen, besonders mit dem seltenen Großen Blut-Egerling, *Agaricus haemorrhoidarius Kalchbr. et Schulz*, der aber lachsrote Lamellen und lebhaft lachsrot verfärbendes Fleisch hat, in dunkelgetönten Exemplaren auch mit dem Zweisporigen Egerling, *Agaricus bisporus (Lge) Sing.* mit graubraunem bis trübe dunkelbraunem, schuppigem, strahligfaserigem *Hut*, der bis 10 cm breit, kugelig, glockig bis abgeflacht, aber am *Hutrand* eingeknickt und mit weißlichen *Hülleresten* gezähnelt behangen ist. Seine *Blätter* sind gedrängt, schön fleischrosa bis schokoladebraun und haben ebenfalls weißflockige *Lamellenschneiden*. Der weiße, glatte *Stiel* ist ausgestopft bis hohl und trägt einen dicken, am Stielgrunde häutigangewachsenen und *aufsteigenden*, kantigen und nach abwärts abziehbaren *Ring*. Unterhalb dieses Ringes ist der *Stiel* bräunlichflockig. Das weiße Fleisch des Zweisporigen Egerlings wird auf Druck und Verletzung fleischrötlich, *riecht* nach frischem Holz oder Pflaumen (wie der Wiesen-Egerling) und schmeckt mild. Er wächst meistens außerhalb des Waldes auf gedüngten Wiesen, auf Komposthaufen und in Gärten sowie an Straßenrändern, von Juli bis Oktober, manchmal massenhaft, und ist ein wohlschmeckender *Speisepilz*.

32 Riesen-Rötling **giftig**

Rhodophyllus sinuatus (Bull. ex Fr.) Sing.

Der *Hut* des mittelgroßen bis großen Pilzes ist 6–15 (20) cm breit, flachgewölbt bis ausgebreitet und stumpf gebuckelt, bisweilen auch wellig verbogen, trocken, glatt, kahl, elfenbeinweiß bis hellbräunlich oder lederfarbig, im Alter graubräunlich, in der Mitte dickfleischig, anfangs mit eingerolltem Rande, längsfaserig und seidenglänzend. Die *Lamellen* sind ziemlich entfernt, ungleich lang, ausgerandet und mit Zahn angeheftet, später frei, mit welliger Schneide, erst gelblichweiß, dann rosa- bis lachsrot. Der gedrungene *Stiel* ist 6–10 (12) cm hoch, weißlich, voll, an der Spitze bereift, am Grunde verdickt und weißfilzig,

im Alter hohl. Das *Fleisch* ist weißlich und *riecht* stark nach Mehl, bald aber ranzig-widerlich, an Apotheke erinnernd, *schmeckt* (Geschmacksprobe »Vorsicht«) aber mild.
Der Riesen-Rötling wächst in Laubwäldern und Parkanlagen, auf Kalkboden, unter Eichen und Buchen, gern auch an Wegrändern, Feldrainen und auf Waldwiesen von Mai bis September, ziemlich selten, dann aber gesellig, truppweise und in Hexenringen. Er ist *hochgiftig*, mit hauptsächlicher Wirkung auf die Verdauungsorgane (Brechdurchfall und langdauernde Nachwirkungen). Seinen Standort teilt er mit mehreren eßbaren Pilzen. Verwechselbar ist der Riesen-Rötling mit dem Maipilz, Nr. 34, dessen *Lamellen* aber gedrängt stehen und weißgelblich bleiben, mit dem Mehlräsling, Nr. 50, dessen rosa Lamellen am Stiele herablaufen.
Bemerkung: Die meisten Arten der sehr großen Gattung »Rötlinge« sind viel kleiner und gebrechlicher als der »Riesen-Rötling«.

33 Riesenschirmling

Macrolepiota procera (Scop. ex Fr.) Sing.

PARASOLPILZ

Der *Hut* des auffälligen, immer stattlichen Pilzes ist anfangs kugelig bis eiförmig und von einem zweischichtigen weißen, flockigen *Ring* zwischen *Hut* und *Stiel* abgeschlossen, später glockig bis schirm- oder tellerförmig ausgebreitet, mit stumpfem, dunkelbraunem *Buckel*, weißlich bis bräunlich, 8–25 (30) cm groß und bisweilen noch darüber bis zu wahren Riesendimensionen. Die rindig-lederige *Hutoberhaut* zerbricht in zahlreiche breite, zottige, angedrückte und sparrig abstehende braune *Schuppen* und ist nicht ohne Mitnahme von Hutfleisch abziehbar. Die *Lamellen* sind frei, bauchig, breit, dichtstehend, weich und weiß. Der sehr schlanke, 15–30 cm hohe, zylindrische, im *Hutfleische* nur lose eingesenkte *Stiel* ist derbfaserig, braun genattert, fast holzähnlich langfaserig, doch leicht zerbrechlich, röhrig hohl, oben kahl, mit einem abstehenden oder aufwärts gerichteten derben, wie ein *Serviettenring* leicht verschiebbaren doppelten *Ring* und am Stielgrund ohne Absatz allmählich in eine filzige *Knolle* verdickt. Das *Fleisch* ist im *Hute* weich, unveränderlich weiß und sehr zart, im *Stiele* zähe bis holzfaserig, der *Geruch* nicht unangenehm, spermatisch, ähnlich der Sauerdornblüte (Berberis), der *Geschmack* angenehm, nußartig. Der Parasolpilz ist jung ein vortrefflicher, wohlschmeckender Speisepilz, alt aber lederartig und im *Stiele* holzig, zäh. Auch unzerteilte, größere Pilze sind paniert und nach Art eines Schnitzels gebacken, ein Leckerbissen.

33 Riesenschirmling

Ältere, schon zähe Stücke geben getrocknet und gepulvert immer noch eine vorzügliche *Pilzwürze.*
Der Riesenschirmling wächst von Juli bis Oktober ziemlich häufig auf Waldlichtungen, Schneisen, Kahlschlägen und Waldwiesen, besonders gern in der Nähe von Ameisenhaufen, einzeln und gesellig. Er ist einer der größten Pilze: Suppentellergroße Stücke sind keine Seltenheit. Eigenartig ist die erste, fast scheibenförmige bis erdsternähnliche, noch auffälliger die spätere Jugendform des Pilzes, als *»Trommelschlegel«* mit eiförmig geschlossenem Hut und ziemlich derber, bräunlichschuppiger »Rinde«. Den Hutabschluß und den späteren Ring zeigt die Abbildung. An den gleichen Standorten, besonders an Waldrändern, wächst auch der mittelgroße Rötende Schirmling, *Macrolepiota rhacodes (Vitt.) Sing.* Er ist dem vorigen sehr ähnlich, aber kleiner und gedrungener. Sein *Hut* ist graubraun und die Oberhaut zerreißt in vieleckige, filzigfaserige, ringförmig angeordnete, sparrige Schuppen. Der *Stiel* ist kürzer, gedrungener, weiß bis rotbräunlich, kahl oder seidigfaserig, nicht genattert, keulig bis abgesetzt knollig, mit verschiebbarem, derbem *Ring.* Das *Fleisch* ist weiß, läuft bei Verletzung langsam safranfarbig an (Safran-Schirmling), *riecht* angenehm und schmeckt mild. Der Pilz ist eßbar und jung, besonders gebraten, recht schmackhaft. – Giftige Schirmlinge, meist allerkleinste und wenig bekannte Arten, kommen in Frankreich häufiger, in Deutschland selten vor. Als solche bemerkenswert sind: *Lepiota helveola Bres.; Lepiota scobinella (Fr.) Gill.; Lepiota brunneo-incarnata Chod. et Mart.* und *L. fuscovinacea Lge. & Moell.*

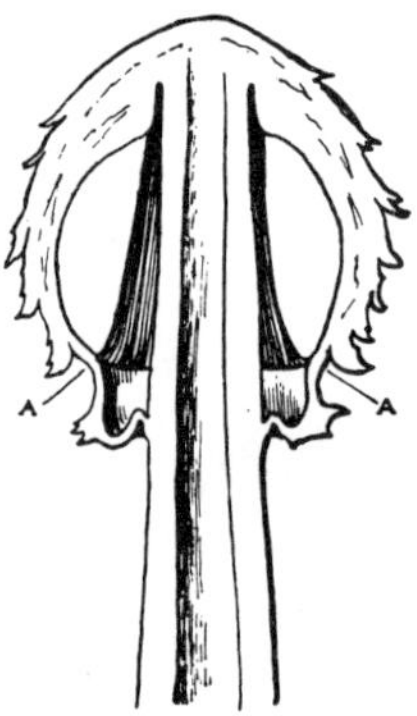

Hutabschluß und späterer Ring des Riesenschirmlings

34 Maipilz

Calócybe gambosa (Fr.) Donk

HUFPILZ, MAIBLATTL, MAIRITTERLING

Der *Hut* ist mittelgroß, dickfleischig, halbkugelig bis gewölbt, mit eingerolltem Rande, schließlich abgeflacht, oft wellig verbogen, elfenbeinfarbig oder cremeweiß, trocken und glanzlos, 5–10 (15) cm breit. Die *Lamellen* stehen gedrängt, tief ausgebuchtet, sind weißblaß bis rahmgelblich und zerbrechlich. Der *Stiel* ist kurz und dick, 4–8 cm lang,

breit, weiß bis mehlfarbig, blaßfaserig berindet, am *Grunde* häufig verdickt und filzigstriegelig bekleidet. Das *Fleisch* ist dick, weich und weißlich, *riecht* stark nach Mehl oder Gurken und *schmeckt* mild. Der Pilz erscheint schon von Ende April (am 23. April, dem St.-Georgs-Tag!) bis Mitte Juni, selten später, meistens schon lange, bevor die ersten Steinpilze kommen.
Er wächst häufig an Waldrändern, Waldstraßen und Schneisen, in Parkanlagen unter Gebüsch, seltener in Nadelwäldern, auch auf Bergwiesen und Heiden in großer Menge, bisweilen in langen Reihen, Hexenringen und hufförmigen Halbkreisen (Hufpilz). Er ist, wenn die Morcheln schon selten werden, ein sehr geschätzter Speisepilz, auch ein beliebter *Marktpilz.* Verwechselt wird er bisweilen mit dem tödlich *giftigen* Ziegelroten Rißpilz, Nr. 60, der gleichzeitig an den gleichen Standorten wächst, oft einem Ritterling sehr ähnlich sieht und anfangs schneeweiß, bald aber braunrötlich faserig ist. Die *Blätter* dieses *Giftpilzes* sind bräunlich, sein *Fleisch* verfärbt sich von den Berührungsstellen aus und beim Liegen schon bis zum nächsten Tage ziegelrötlich. Er *riecht* auch anders, obstig-spirituös.
Gefährlich ist auch eine Verwechslung mit dem *giftigen* Riesen-Rötling, *Rodophyllus sinuatus (Bull. ex Fr.) Sing.*, Nr. 32, dessen weißes *Fleisch* auch nach Mehl, bald aber ranzig und widerlich riecht, sowie mit dem *hochgiftigen* Feld-Trichterling, Nr. 49, dessen *Hut* weiß bereift ist, dessen *Blätter* aber fast waagrecht angewachsen sind. Auch er riecht und schmeckt *mehlartig.*

35 Schwarzfaseriger Ritterling

Tricholoma portentosum (Fr.) Quél.

Russkopf

Der 5–10 (12) cm breite, jung fast halbkugelige, bald flachgewölbte, wenig erhaben gebuckelte *Hut* hat einen abgebogenen bis abstehenden *Rand*, der jung eingebogen ist. Die glatten, eingewachsen faserigen Hüte sind in der Faserung und am Scheitel dunkel schwarzgrau oder rußgrau gefärbt, zum Rand hin ist eine merkliche Aufhellung vorhanden, zarte olivgrüne oder gelbliche Farbtöne sind beigemischt. Die etwas glänzende *Huthaut* ist in Streifen abziehbar.
Die kaum entfernt stehenden, ungleichlangen, am Stiel ausgerandet angewachsenen bis 1 cm dicken *Lamellen* sind weiß und scheinen sehr auffällig gelblich.
Der 5–10 cm lange, 1–2 cm dicke zylindrische *Stiel* ist glatt, etwas faserig, weiß gefärbt, meist aber zart gelbgrünlich getönt. Die abgerun-

34 Maipilz

35 Schwarzfaseriger Ritterling

36 Grünling

37 Seifen-Ritterling

dete *Stielbasis* steckt oft 2–3 cm tief im Sand. Verletzt man die *Stielrinde* durch einen kleinen Querschnitt, rollt sich diese lockig auf.
Das *Fleisch* ist im Hut weiß, unter der Huthaut zart gelblich, schwammig fest. Im *Stiel* ist es weißlich, in den Randzonen strichartig, zart, gelblich. Der *Geruch* des Schwarzfaserigen Ritterlings ist schwach mehlig; der *Geschmack* mild, leicht mehlig, schwach gurkenartig. Der Schwarzfaserige Ritterling ist eßbar und gilt als sehr guter, ausgiebiger *Speisepilz.* Man sollte die Huthaut abziehen und darauf bedacht sein, alle Sandreste zu beseitigen. *Vorkommen* im Herbst, wo er noch die ersten Fröste überdauert. Man findet ihn in Nadelwäldern, reichlich und häufig in Sandgebieten, zuweilen begegnet man ihm zusammen mit dem Grünling, Nr. 36.
Bemerkung: An Wegböschungen, die beim Einschneiden von Waldwegen entstanden sind, wächst der Schwarzfaserige Ritterling, auch Rußkopf genannt, sehr gern unter der etwas überhängenden Pflanzendecke.

36 Grünling

Tricholoma flavovirens (Pers. ex Fr.) Lund.
(= Tricholoma equestre [L. ex Fr.] Quél.)

ECHTER RITTERLING, GRÜNREIZKER, GOLDREIZKER

Der *Hut* des ziemlich derben, fleischigen Pilzes ist nur bis mittelgroß, 4–8 (10) cm, anfangs halbkugelig bis gewölbt, dann flach bis trichterförmig, wellig verbogen, eingewachsen, faserig-filzig, olivgelb bis grüngelb, bisweilen mit breitem, olivbraunem bis fuchsigem Buckel und klebriger, leicht abziehbarer *Huthaut.* Die *Lamellen* sind leuchtend schwefelgelb, breit, bauchig, gedrängt, am Stiele tief ausgebuchtet bis frei und haben eine gekerbte *Schneide.* Der *Stiel* ist ziemlich kurz, voll, 4–6 (10) cm hoch, glatt, schwefelig oder braungrün getönt, gegen den *Stielgrund* fast abgesetzt keulig verdickt und steckt tief im Boden. Das *Fleisch* ist weißlich bis gelblich, unter der *Huthaut* zitronengelb, *Geruch* und *Geschmack* schwach mehlig bis gurkenähnlich, mild und angenehm.
Der Grünling ist ein Charakterpilz der sandigen Kiefernwälder und Heiden der norddeutschen Tiefebene und wächst dort von August bis November massenhaft; in Südbayern ist er selten. Er ist ein sehr ergiebiger, wohlschmeckender *Speisepilz.*
Der etwas ähnlichfarbene Schwefelritterling, *Tricholoma sulphureum (Bull. ex Fr.) Kummer*, mit lederblassem, ockerlich geflecktem *Hut*, weißen, fast freien, breiten und entfernt stehenden *Lamellen*, weißem, am Grunde gelblichem und rotpunktiert-schuppigem *Stiel* und bei

Bruch schwefelgelblichem *Fleisch*, hat einen ekelhaften, gasig stinkenden *Geruch* und einen widerlich scharfen Geschmack. Gelbgrünliche Formen des außerordentlich vielfarbigen Seifenritterlings, Nr. 37, unterscheiden sich besonders durch ihren dumpf seifigen »*Waschküchengeruch*«. Selbst über Verwechslungen mit dem Grünen Knollenblätterpilz, Nr. 22, wurde berichtet, zuweilen sogar mit dem Hinweis, daß dies sogar guten Pilzkennern passiert sei! Wer aber nur einmal die Merkmale »Grünling und Grüner Knollenblätterpilz« in Beschreibung und Bild verglichen hat, wird eine Verwechslung für Leichtsinn halten.

37 Seifen-Ritterling !

Tricholoma saponaceum (Fr.) Kummer

Der 5–10 cm, zuweilen bis 20 cm breite *Hut* ist jung halbkugelig, bald flachkegelig, polsterförmig bis dick, scheibenförmig und verbiegt zuweilen stark. Er hat lange einen kurz eingebogenen, alt zuweilen stark hochgebogenen *Rand*. Die sehr veränderliche Hutfarbe reicht von graugrünlich über lichtbraunoliv bis rußig grauoliv. Sie ist am Scheitel immer sehr satt und dunkel und wird zum Rand merklich heller. Kupferrötliche Flecken sind an ausgewachsenen Fruchtkörpern, besonders um den *Rand*, nicht selten. Die glatte, eingewachsen faserige *Huthaut* glänzt nur bei Regenwetter etwas.
Die entfernt stehenden, untermischten bis 1 cm dicken, am *Stiel* geschweiftbogig, ausgerandet angewachsenen *Lamellen* sind weißlich oder zartgrau gefärbt; ein leichter Graustich ist nicht selten, sie werden zuweilen, am Hutrand beginnend, zart kupferrötlich.
Der 10–15 cm lange, 2–3 (4) cm dicke, rundliche, walzenförmige, in der Mitte oft angeschwollene *Stiel* hat eine kurz eingezogene, zuweilen spindelige verjüngte *Basis*. Die wie der Hut gefärbten, oft dunkelgrauen Stiele sind eingewachsen faserig, zuweilen sogar klein beschuppt und verfärben an der Basis oft kupferrötlich.
Das *Fleisch* ist im *Hut* weißlich schwammig, im Stiel weißlich, in der Basis oft kupferrötlich und fest. Der *Geruch* ist laugenartig, dumpf; riecht nach Waschküche. Der Pilz hat einen milden, etwas bitterlichen *Geschmack*. Er ist *ungenießbar*. Nur in Hungerzeiten bei größter Not wird man den Seifen-Ritterling essen.
Vorkommen: Im Spätsommer und Herbst findet man ihn in Laub- und Nadelwäldern, oft in Kolonien von 3–6 Stück. Manchmal steht man vor einem Rätsel, Seifen-Ritterling oder nicht, da helfen dann nur der »Waschküchengeruch« und die stellenweise kupferrote Verfärbung bei der Bestimmung weiter.

38 Brennender Ritterling

38 Brennender Ritterling

Tricholoma virgatum (Fr.) Kummer **!**

Der 7–8 cm breite, jung kegelig gewölbte, alt geschweift gewölbte *Hut* hat einen hohen, konischen, fast spitzen *Buckel* und einen etwas eingebogenen *Rand.* Die Hüte sind glatt, grau oder silbergrau gefärbt, die eingewachsene Faserung ist immer satter grau getönt.
Die normalweit entfernten, ungleichlangen, am Stiel ausgebuchtet angewachsenen *Lamellen* sind weiß, zuweilen an der Lamellenschneide grau getönt.
Der 5–8 cm lange, um 1,5 cm dicke, zylindrische, nach unten etwas verjüngte *Stiel* hat eine etwas verdickte oder etwas zugespitzte *Basis,* er ist glatt weiß, bis zartest grau gefärbt und im Unterteil zuweilen leicht bräunlich getönt. Das *Fleisch* ist im Hut weißlich, im Stiel weißlich und etwas feinfaserig. Den *Geruch* könnte man höchstens als etwas schwach erdig bezeichnen. Er *schmeckt* brennend scharf. Der Pilz ist *ungenießbar,* »leicht *giftig*«.

39 Tiger-Ritterling

40 Erdritterling

Vorkommen: In Nadelwäldern, besonders in Kiefernwäldern, auf Sandböden; der Pilz ist weit verbreitet.
Verwechslungsmöglichkeiten: Mit grauen Erdritterlingen, von denen aber ein Teil angedrückte, kleinschuppige *Hutbedeckung* hat. Dem Brennenden Ritterling nahe verwandt ist der Schärfliche Ritterling, *Tricholoma sciodes (Secr.) Mart.*, dessen *Hut* mehr rußfarben und kleinbeschuppt ist. Er hat schwarzpunktierte Lamellenschneiden und schmeckt erst bitter, dann scharf.

39 Tiger-Ritterling **giftig**

Tricholoma pardinum Quél. (= tigrinum Schff.)

Der Pilz ist mittelgroß, der *Hut* 6–10 (15) cm breit, stumpfkegelig bis glockig, schließlich ausgebreitet bis niedergedrückt, mit anfangs ganz eingerolltem, dünnem *Rande*, trocken, violettgrau bis silbergrau, auf Druck gebräunt und von breiten, graubraunfaserigen bis aschgrauen oder schwärzlichen dachziegeligen Schuppen wie »getigert«, am *Hutrand* etwas heller.
Die *Lamellen* sind trüblichweiß, grüngelblich getönt, breit und dick, stehen fast entfernt und sind abgerundet ausgebuchtet, beinahe frei. Die *Lamellenschneide* junger Pilze tränt bei Nässe.
Der *Stiel* ist weißlich bis blaßgrau, auch bräunlich, derb, gedrungen, keulig bis dickbauchig und knollig, vollfaserig und zottig. Auch die *Stielspitze* scheidet Wassertropfen aus. Das *Fleisch* ist weißlich, unter der Huthaut bis tief in den *Hut* grau, im *Stielgrund* ockergelb oder rostig, *riecht* stark nach frischem Mehl und *schmeckt* mild, mehlartig.
Man findet den Pilz im Sommer und Herbst in lichten Buchenwäldern auf Kalkböden, auch in Nadelwäldern; selten und nur im Gebirge häufiger. Er ist *giftig*, gefährlicherweise aber wohlschmeckend und wenig bekannt, jedoch nicht lebensgefährlich, macht aber heftige Magen-Darm-Störungen mit Erbrechen und Durchfall sowie langdauernde Nachwirkungen.
Der Tiger-Ritterling wird verwechselt mit dem eßbaren Erdritterling, Nr. 40. Dieser ist viel zarter, kaum über 6 cm breit, *riecht* nicht nach Mehl, hat gegen den *Hutrand* hin graue *Lamellen*, gekerbte *Lamellenschneiden* sowie einen hohlen, faserigen und graulichen *Stiel*. Der ähnliche Gilbende Ritterling, *Tricholoma scalpturatum (Fr.) Quél.* riecht schwach mehlartig oder nach Gurken und seine *Lamellen* gilben am Rand beginnend zum Stiel hin. Sein grauer *Hut* ist feinschuppig und gebuckelt bis flach, sein Stiel weißfaserig. Bei grauen Ritterlingen ist *Vorsicht* geboten!

40 Erdritterling

Tricholoma terreum (Schff. ex Fr.) Kummer

Der kleine bis mittelgroße Pilz hat einen dünnfleischigen, 4–8 (10) cm breiten *Hut*, der anfangs kegelig bis glockig, später verflacht ist, oft einen spitzen Buckel und wellig verbogenen *Rand* sowie einheitlich mausgraue oder braungraue bis erdfarbige, haarig-filzig beschuppte, oft rußigfaserige *Hutoberhaut* besitzt. Die *Lamellen* sind frei, angeheftet, laufen mit einem Zähnchen herab, sind weißlich, werden vom Hutrande her grau und zeigen eine gekerbte Schneide. Der *Stiel* ist schlank 3–8 (10) cm hoch, zuerst voll, später hohl, gleichmäßig dick, zerbrechlich, blaß bis grauweißlich, angedrückt seidenfaserig, an der *Spitze* feinkleiig und am *Grunde* oft rötlich oder blaugrün gefleckt. Das *Fleisch* ist weiß oder graufarbig wie der *Hut*, *riecht* nicht oder kaum merklich nach Mehl und ist mild.
Der Erdritterling ist ein wohlschmeckender *Speisepilz* und wächst vom Hochsommer bis Spätherbst in lichten Laub- und Nadelwäldern, besonders unter Birken, an Waldrändern, im Gebüsch, an Wegrändern und auf sandigen Heiden, einzeln bis truppweise, örtlich bisweilen massenhaft.
Gefährlich ist eine Verwechslung mit dem *giftigen* Tigerritterling, Nr. 39, der aber viel derber, breit *geschuppt*, »getigert«, weißblättrig bis schmutzigblaß ist und kräftig nach Mehl *riecht*. Vorsicht mit grauen Ritterlingen! Der Anfänger meide lieber alle grauen Ritterlinge.

41 Gemeiner Weichritterling

Melanoleuca melaleuca (Pers. ex Fr.) Mre.

Die Weichritterlinge wurden von den Ritterlingen abgetrennt, weil sie in Jod blauende, warzige Sporen haben und ein Teil der Arten schlanke Zystiden. Die dünnen, weichen, sehr gedrängt stehenden Lamellen passen auch nicht zum üblichen Bild eines Ritterlings. Der abgebildete Gemeine Weichritterling ist die häufigste Art, wobei gleich gesagt sei, daß es mehrere Arten gibt, die ihm ähnlich sind.
Der 3–8 (10) cm breite, jung gewölbte, gebuckelte *Hut* wird bald scheibenförmig, ist tief eingewölbt und hat einen breiten warzenförmigen Buckel. Die Hüte sind durchfeuchtet satt dunkelgraubraun gefärbt, trocken viel heller, glatt und glanzlos. Die gedrängt stehenden, dünnen, kurzbogig angewachsenen *Lamellen* sind weißlich.
Der 4–10 cm lange, 0,5–1,5 cm dicke, zylindrische oder zur abgerundeten Basis hin konisch verdickte *Stiel* ist wie der Hut gefärbt und fein

41 Gemeiner Weichritterling

42 Nackter Ritterling

43 Rettich-Helmling

44 Lila Lackpilz

befasert. Der Pilz ist *eßbar*, aber man muß schon sicher sein, einen Weichritterling vor sich zu haben. Das *Fleisch* ist im Hut weißlich, schwammig, im Stiel faserig, weißlich und von der Basis aufwärts bräunend. Der *Geruch* ist kaum ausgeprägt oder auffallend; der Pilz *schmeckt* mild.
Vorkommen: Der Gemeine Weichritterling kommt in Laub- und Nadelwäldern vor. Er steht oft an Wegrändern im Gras.
Bemerkung: Im (März) April, Mai begegnet man dem Frühlings-Weichritterling, *Melanoleuca cognata (Fr.) K. & M.*, der einen ockerbräunlichen *Hut*, auffallend ockergelbe *Lamellen* und einen zartockerlichen bis lichtbraunen *Stiel* hat. Er wächst in Nadelwäldern, gern unter Reisighaufen und ist *eßbar*.

42 Nackter Ritterling

Lepista nuda (Bull. ex Fr.) Cooke

Violetter Ritterling, Violetter Rötelritterling

Der mittelgroße Pilz hat einen 6–12 (15) cm breiten *Hut*, ist anfangs halbkugelig mit eingerolltem Rande, dann ausgebreitet, glatt, ganz violett bis braunviolett, oft ausblassend. Seine *Lamellen* stehen gedrängt, sind dünn und violett bis lilabräunlich. Der *Stiel* ist meistens kurz und voll, an der Spitze flockig, am Grunde oft keulig verdickt, filzig und von gleicher Farbe wie der Hut. Das violette *Fleisch riecht* aromatisch und *schmeckt* süßsäuerlich.
Der Nackte Ritterling wächst erst im Spätherbst (Oktober bis November) im Laub- und Nadelwald, besonders im Buchenwald und Mischwald auf verrotteter Laub- und Nadelstreu, in großen Gruppen und Kreisen (Hexenringen), oft massenhaft. Er läßt sich auch leicht züchten. In dem schon pilzärmeren Spätherbst ist er ein stets willkommener, wenn auch nicht jedem schmackhaft erscheinender *Speisepilz*, der sich besonders zum Einmachen in Essig eignet.
Sehr ähnlich ist der Maskenritterling, *Lepista personata (Fr. ex Fr.), Cooke.* Sein *Hut* ist gleich groß, doch sind Hut und Blätter hellila, der *Stiel* aber kurz und kräftig und violettlila. Der frostbeständige Pilz wächst kaum im Nadelwald, bisweilen aber im Laubwald, häufiger aber außerhalb des Waldes auf Wiesen und im Gebüsch. Auch er ist *eßbar* und wohlschmeckend. Manche ziehen ihn dem Violetten Ritterling vor. Nicht selten wird der Maskenritterling noch in den Wochen nach Allerheiligen auf den Märkten feilgeboten, als letzter frischer Speisespilz. Es sei nochmals auf die Gefahren beim Verzehr schon einmal gefrorener und dann wieder aufgetauter Pilze hingewiesen.

43 Rettich-Helmling

Mycena pura (Pers. ex Fr.) Kummer

Der 3–5 cm große, kegelig gewölbte, am Scheitel abgerundete (dies wird als Helmform bezeichnet und als deutscher Gattungsname verwendet), alt flachgewölbte bis scheibenförmige, zuweilen flachgebukkelte *Hut* hat einen abgebogenen bis abstehenden ca. 0,5 cm breit gerieften *Rand.* Die am Scheitel dunkle, blaßlilaviolette, auch rosaviolette Hutfarbe wird zum Rand hin merklich blasser, selten findet man fast weiße Exemplare. Die etwas entferntstehenden, untermischten, langbogig angewachsenen, fast freien *Blätter* sind ebenso gefärbt wie der Hut.

Der 4–10 cm lange, bis 1 cm dicke, enghohle, rundliche, meist gleichdicke *Stiel* hat eine etwas aufgeblasene *Basis.* Die wie der *Hut* gefärbten, am Stielgrund oft etwas gelblichen *Stiele* sind glatt, zuweilen verdreht und brechen leicht.

Das *Fleisch* ist im Hut weiß, zartgetönt dünnfleischig. Im Stiel wässerig violett, längsfaserig. Der Pilz *riecht* stark rettichartig und hat einen milden *Geschmack* und einen etwas scharfen rettichartigen Nachgeschmack. Er ist *eßbar*, aber wenig ergiebig und wird in der Regel nur als Mischpilz verwandt.

Vorkommen: Der Rettich-Helmling ist von Anfang Juni bis Oktober im Laub- und Nadelwald überall verbreitet.

Bemerkung: Es gibt ca. 100 Helmlingsarten, von denen einige milchen, einige schleimige Stiele haben, andere wieder auffällig gefärbte Lamellenschneiden, ein Großteil aber ist irgendwie grau oder graubraun. In moosreichen Fichtenwäldern begegnet man, besonders im Herbst, einem in Hut und Stiel zartgrau bis sattgrau gefärbten, sehr langstieligem Pilzchen, dessen enghohler ca. 0,3 cm dicker und bis 10 cm langer Stiel beim Durchbrechen ein kleines weißes Milchtröpfchen abgibt, dem Weißmilchenden Helmling, *Mycena galopoda (Pers. ex Fr.) Kummer.*

44 Lila Lackpilz

Laccaria amethystina (Bolt. ex Hooker) Murr.

Der um 3–4 cm breite, jung einem kleinen Knopf sehr ähnliche, bald ausgebreitete, tief genabelte, oft wellig verbogene *Hut* ist lila, oder violettlich gefärbt, zuweilen stark ausgeblaßt. Die auffällig weit entfernten, ungleichlangen, gegabelten, am Stiel angewachsenen bis herablaufenden *Lamellen* sind am Grund aderig, runzelig verbunden und wie der Hut lila oder violett gefärbt.

Der bis 10 cm lange, 0,5–1 (1,5) cm dicke röhrig hohle, zylindrische, sehr oft seitlich breitgedrückte, nicht selten zur *Basis* hin merklich konisch verjüngte *Stiel* ist wie der Hut gefärbt.
Das *Fleisch* des Lackpilzes ist im *Hut* lila, schwammig, im *Stiel* lila, faserig. Er *riecht* kaum ausgeprägt und *schmeckt* mild. Er ist *eßbar* und, ohne die etwas zähen Stiele, die man entfernt, als Mischpilz gut verwendbar.
Vorkommen: Den Lila Lackpilz findet man von Juli bis Oktober (November). Er übersteht oft noch die ersten Nachtfröste und man begegnet ihm in Laub- und Nadelwäldern, in Gärten, in Parkanlagen; oft gesellig wachsend.
Bemerkung: Es gibt 6 Lackpilzarten, die auch Bläulinge genannt werden. Dem Lila Lackpilz fast gleich, nur an allen Teilen fleischfarben, rosabraun ist der Fleischfarbene Lackpilz *Laccaria laccata (Scop. ex Fr.) Bk. u. Br.* Es gibt wohl kaum eine zweite Pilzart, die so veränderlich ist in ihrem Aussehen wie die Lacktrichterlinge, denen man darum auch den Namen Chamäleon-Trichterlinge gegeben hat.

45 Nebelkappe

Clitocybe nebularis (Batsch ex Fr.) Kummer

NEBELGRAUER TRICHTERLING, HERBSTBLATTL

Der *Hut* des mittelgroßen Pilzes ist ziemlich regelmäßig, bisweilen aber auch wellig verbogen, 6–12 (15) cm breit, gewölbt bis niedergedrückt, schließlich verflacht, oft mit stumpfem Buckel in der Mitte, hellgrau oder aschgrau bis bräunlichgrau, bei Nässe noch dunkler, mit abwischbarem, weißlichfilzigem *Reif*, später kahl. Die Hutoberhaut ist abziehbar. Die *Lamellen* sind weißlich bis ockergelblich, dichtstehend, schmal, bogenförmig herablaufend und lassen sich leicht vom Hutfleisch ablösen (Kennzeichen!). Der *Stiel* ist weißlich bis bräunlich, 6–10 cm hoch, voll und fest, später schwammig, netzähnlich faserig gestreift, mit weißfilzigem, keuligknollig verdicktem *Grunde.* Das *Fleisch* ist ziemlich dick und fest, später weich, reinweiß, hat starken, artkennzeichnenden, fast unangenehmen *Geruch* nach Mehl und säuerlichen *Geschmack.*
Der Pilz wächst im Herbst, von Ende September (Michaelitag) bis November überall in Laub- und Nadelwäldern, gesellig, in großen Reihen und Hexenringen, oft massenhaft, auf Laub- und Nadelstreu. Er ist ein ergiebiger *Speisepilz,* aber nicht nach jedermanns Geschmack, als Alleingericht in größeren Mengen bisweilen sogar recht *unbekömmlich,* aber als Mischpilz ganz brauchbar. Hier und dort ist er ein belieb-

45 Nebelkappe

ter Marktpilz. Nur junge Stücke sammeln, vor der Zubereitung abbrühen und das Brühwasser wegschütten!
Man kann ihn kaum mit einem anderen Pilz verwechseln. Seine Lamellen lassen sich mit dem Fingernagel leicht vom Hutfleisch abstreifen. – Ziemlich ähnlich ist nur der giftige Riesenrötling, Nr. 32, mit elfenbeinweißem bis ledergelbem, im Alter graubräunlichem, 6–20 cm großem Hut. Seine blassen Lamellen stehen ziemlich entfernt, sind am weißlichen Stiel ausgebleicht und werden im Alter rötlich.

46 Ockerbrauner Trichterling

Clitocybe gibba (Pers. ex Fr.) Kummer

Der 3–8 cm breite, schon jung fast scheibenförmige, bald ausgebreitete, mehr oder weniger trichterförmige *Hut* hat meist einen kleinen, im tiefen Trichter sitzenden Buckel. Der jung kurz eingebogene, bald abstehende, zuweilen hochgebogene dünne *Hutrand* ist oft wellig verbogen und unregelmäßig lappig, kann aber auch kurz gerippt sein. Die Hüte sind blaß- bis sattocker gefärbt, nicht selten blaß lederfarben.
Die etwas gedrängt stehenden, untermischten, nur 2–3 mm dicken, am *Stiel* weit herablaufenden *Lamellen* sind weißlich und werden zuweilen zart gelblich. Der 3–5 cm lange, 0,3–0,8 cm dicke zylindrisch oder etwas verjüngte *Stiel* ist feinbefasert, wie der Hut gefärbt und hat eine feinfilzige, zuweilen etwas angeschwollene *Basis.*
Das *Fleisch* ist im Hut weiß, schwammig, im Stiel weiß, verwoben faserig, elastisch. Der Ockerbraune Trichterling *riecht* schwach gewürzartig, auch etwas wie bittere Mandeln. Er *schmeckt* mild. Der Pilz ist *eßbar*, am besten ohne Stiel, Mischpilz.
Vorkommen: Man begegnet ihm von Mai bis Oktober im Laub- und Nadelwald, und er ist allgemein weit verbreitet. Oft begegnet man ganzen Gruppen in modrigen Laubanwehungen oder am Rande von Reisighaufen wachsend.
Bemerkung: Der in seiner Form sehr veränderliche Ockerbraune Trichterling kann stets an seinem Geruch erkannt werden.

47 Keulenfüßiger Trichterling

Clitocybe clavipes (Pers. ex Fr.) Kummer

Der 3–6 (8) cm breite, jung polsterförmige kleingebuckelte, bald flachgewölbte, oft breitwarzig gebuckelte, seltener flachtrichterig werdende glatte *Hut* hat einen dünnen, lange kurz abgebogenen, alt abstehenden, wenig wellig werdenden *Rand.* Die graubraunen um den Rand merklich heller werdenden Hüte haben nicht selten einen Olivstich.
Die eher entferntstehenden, untermischten, zuweilen gegabelten, am Stiel herablaufenden, jung weißen *Lamellen* werden nach einiger Zeit gelblich.
Der bis 8 cm lange, oben 1 cm, unten 2 cm breite, keulenförmige, faserig besetzte *Stiel* ist wie der Hut gefärbt. Ist bei Regen der Stiel stark durchwässert, erscheint er mehr hyalin blaßbraun oder blaß braunoliv. Die Stiele sind nicht selten merklich länger, als der Hut breit ist, und wirken darum schlank keulenförmig.

Das *Fleisch* ist im Hut weiß, durchfeuchtet hyalin zartgrau, schwammig. Im *Stiel* ist es weiß, durchfeuchtet grau, faserig. Der Pilz ist *eßbar*. Er *riecht* etwas süßlich und *schmeckt* mild.
Vorkommen: Von Juli bis Oktober kommt er stellenweise in Nadelwäldern vor. Er wächst gesellig und ist weit verbreitet.
Bemerkung: Die gelblichen Blätter bilden einen starken Kontrast zur graubraunen Hut- und Stielfarbe. Beachtet man noch die typische, einem Kreisel ähnliche Form und die durch die oft sehr langen Stiele starr wirkende Haltung, ist der Keulenfüßige Trichterling kaum zu verkennen. Manches Falscherkennen von Pilzen könnte verhindert werden, wenn die Sammler sich den deutschen Namen durch den Kopf gehen ließen, z. B. bei unserem Keulenfuß-Trichterling den Namenshinweis auf den Stiel.

48 Anis-Trichterling

Clitocybe odora (Bull. ex Fr.) Kummer

Der 3–6 (10) cm breite, jung halbkugelige oder kegeliggewölbte, bald flachgewölbte, alt scheibenförmige, oft sehr breitgebuckelte *Hut* hat einen abgebogenen, bald abstehenden, oft sehr stark hochgebogenen *Rand,* der nicht selten wellig verbogen ist. Die Hüte sind graugrün oder wie blasser Grünspan gefärbt, blassen oft sehr stark aus und haben eine dünne, nur wenig abziehbare Huthaut.
Die normalweit entfernten, untermischten am Stiel herablaufenden *Lamellen* sind wie der Hut gefärbt, meist aber viel blasser. Der 3–5 (7) cm lange, 0,5–1 cm dicke, enghohl werdende, gleichdick zylindrische oder etwas konisch verdickte *Stiel* hat eine etwas angeschwollene, schwach wurzelnde *Basis.* Die glatten Stiele sind wie der Hut gefärbt.
Das *Fleisch* ist im Hut weiß, schwammig, im Stiel weiß bis weißgrau und zähfaserig. Er ist *eßbar* und in kleinen Mengen als Mischpilz verwendbar. Er *riecht* stark nach Anis und *schmeckt* mild anisartig und etwas süßlich.
Vorkommen: Von Mitte August bis zum Spätherbst findet man den Pilz in Laub- und Nadelwäldern. Oft sehr gesellig, wächst er in der modernden Laubschicht oder auf dem Nadelstreuteppich.
Bemerkung: Es gibt noch drei weitere Anis-Trichterlinge, die aber in Form und Farbe ein ganz anderes Aussehen haben. Der schon ab Juni wachsende Weiße Anis-Trichterling hat einen 3–5 cm breiten dünnen hellgraubraunen *Hut,* weißliche *Lamellen* und einen um 0,5 cm dicken weißlichen *Stiel.* Durch seinen Anisgeruch unterscheidet er sich von einer ganzen Zahl ihm ähnlicher Trichterlinge.

46 Ockerbrauner
Trichterling

47 Keulenfüßiger
Trichterling

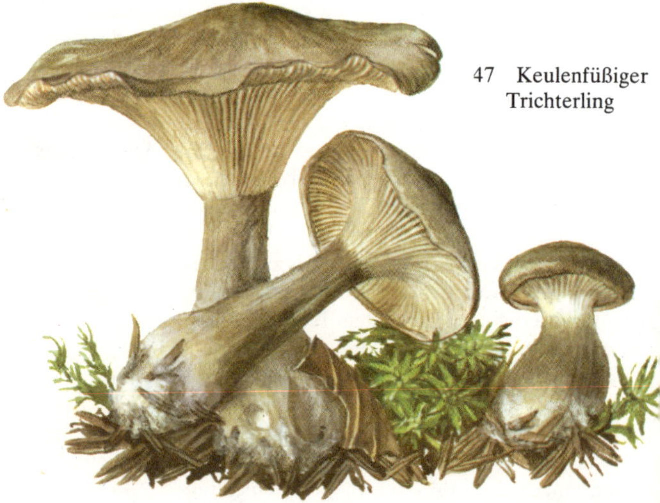

48 Anis-Trichterling

49 Feld-Trichterling

49 Feld-Trichterling giftig

Clitocybe dealbata (Sow. ex Fr.) Kummer

Der 2,5–4 cm breite, flachgewölbte, alt auffällig scheibenförmige, nur wenig trichterförmig werdende *Hut* hat einen wenig eingebogenen, bald abgebogenen, seltener abstehend, zuweilen welligverbogenen *Rand.* Die weißen, zartest grau oder graubeige gefärbten Hüte sind fein bereift.

Die eher engstehenden, untermischten, angewachsenen *Lamellen* sind weiß gefärbt. Der 3–5 cm lange, etwa 0,5 cm dicke, enghohl werdende, zylindrische oder verjüngte, selten seitlich breitgedrückte *Stiel* ist wie der Hut gefärbt und hat eine gleichdicke, selten etwas angeschwollene *Basis*, die mit weißem Myzelfilz besetzt ist.

Das *Fleisch* ist im Hut weiß, um 1 mm dick, im Stiel weiß und faserig. Der Pilz ist *giftig.* Er *riecht* mehlartig und *schmeckt* mild, schwach wie Gurkenschalen, *Geschmacksprobe* bitte immer ausspucken, da er giftig ist.

Vorkommen: Auf Wiesen und Weiden, auch im Rasen von Parkanlagen begegnet man ihm. Von Juli bis Oktober wächst er, und zwar in Kreisen, die auch Hexenringe genannt werden.

Verwechslungsmöglichkeiten: Man kann ihn leicht mit anderen Weißen Trichterlingen verwechseln, von denen man keinen zum Essen verwenden sollte. Bei grober Unachtsamkeit mit dem Mehlräsling, Nr. 50, zu verwechseln, vergleiche Abbildung und Beschreibung.

Bemerkung: Sehr ähnlich, oft schwer zu unterscheiden, ist der ebenfalls *giftige* Rinnigbereifte Trichterling, *Clitocybe rivulosa (Pers. ex Fr.) Kummer*, der einen mehr beige gefärbten, mit kleinen pustelartigen Zonen besetzten Hut hat und nicht nach Mehl riecht.

50 Mehlräsling

Clitopilus prunulus (Scop. ex Fr.) Kummer

Der 3–8 (12) cm breite, jung halbkugelige oder polsterförmige, bald flachgewölbte, alt scheibenförmig werdende, in der Mitte breit eingewölbte *Hut* hat einen eingebogenen, etwas überstehenden, oft stark wellig verbogenen *Rand.* Die Hüte sind weißlich, meist zart weißgrau gefärbt und fein befilzt. Die eher etwas entfernten, ungleichlangen, nicht selten adrig gegabelten, am Stiel weit herablaufenden *Lamellen* sind jung fast weiß und werden sehr bald rosa.

Der 3–6 cm lange, 0,6–2 cm dicke, zur *Basis* hin konisch verjüngte, zentral oder seitlich stehende *Stiel* ist feinfilzig besetzt und wie der Hut

gefärbt. In der Form gleicht der Mehlräsling dem Kahlen Krempling, Nr. 17, oder einem großen Pfifferling.
Geruch: Er riecht stark nach Mehl. (Das heutige Mehl, das bestens verpackt, gelagert und von der Mühle chemisch behandelt ist, riecht kaum noch. Früher hatte das in Truhen gelagerte Mehl einen starken Geruch, was auch heute noch als Mehlgeruch bezeichnet wird.)
Das *Fleisch* ist im Hut und Stiel weiß, zart und schwammig. Der Pilz ist *eßbar* und *schmeckt* mild.
Vorkommen: Von Juni bis Oktober findet man den Mehlräsling in Laub- und Nadelwäldern, auch in Parkanlagen. Oft auch an grasigen Wegrändern, in 40- bis 60jährigen Fichtenparzellen. Er wächst in ganzen Kolonien.
Verwechslungsmöglichkeiten: Mit weißen, oft giftigen Trichterlingen kann er verwechselt werden, darum sollte man immer auf die rosa Lamellen, den Mehlgeruch und die arteigene Form achten.
Dem Mehlräsling wird nachgesagt, ein Steinpilz-Zeiger (Wegweiser) zu sein. Oft habe ich bei Steinpilzfunden an diese Behauptung gedacht. Also hab' ich mich nach dem Mehlräsling umgesehen und ihn auch sehr oft gefunden.

51 Feld-Schwindling

Marasmius oreades (Bolt. ex Fr.) Fr.

NELKEN-SCHWINDLING, NAGERLSCHWAMM

Der kleine Pilz hat einen 3–6 cm breiten, kegelförmigen bis gewölbten, dann ausgebreiteten *Hut* mit stumpfem Buckel. Die Oberhaut ist glatt, im Innern seidenfädig. Bei Trockenheit hell ledergelb, bei Feuchtigkeit ockergelb bis scherbenrötlich, am *Hutrande* bisweilen etwas gefurcht. Die *Lamellen* sind weißlich, fast frei, dicklich, breit, entfernt, ungleich lang und am Grunde aderig verbunden. Der dünne *Stiel* ist 4–8 cm hoch, weißlich, voll, steif, und zäh, fein bereift und filzig bis flockig berindet oder auch glatt. Jede Stielfaser reißt am Stielende oder am Hutfleisch ab. Das *Fleisch* ist blaß ocker, *riecht* angenehm gewürzhaft, ähnlich frisch gesägtem Holz, aber nicht nach Nelken und *schmeckt* mild, nußartig.
Vorkommen: Der Feld-Schwindling wächst von Juli bis November an Feldrainen, Wegen und Waldrändern, in Grasgärten, auf Wiesen und Heideflächen sehr häufig bis massenhaft, meistens in großen Kreisen und Reihen (Kreisling!). Er ist ein wohlschmeckender *Speisepilz*, besonders als Suppenpilz und zum Braten und trotz seiner Kleinheit seines häufigen Vorkommens wegen recht ergiebig; die zähen *Stiele* sind

50 Mehlräsling

51 Feld-Schwindling

52 Knoblauch-Schwindling

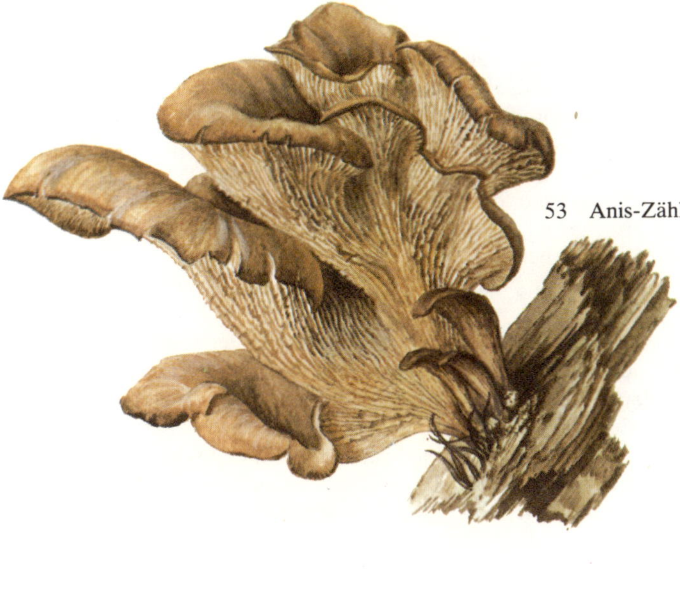

53 Anis-Zähling

wegzulassen. Der Feld-Schwindling eignet sich auch gut zum *Trocknen* und zu Pilzpulver. Er kann vollständig austrocknen und nach Regenfällen wieder aufleben; man sammle aber nur frische, nicht wiederaufgeweichte Pilze. Er läßt sich leicht züchten und gibt nach einer Anlaufzeit reiche Erträge.
Verwechselt wird er zuweilen mit dem Brennenden Rübling, *Collybia peronata (Bolt. ex Fr.) Sing.*, der brennend scharf schmeckt, gelbliche bis rötlichbraune Lamellen hat und meist büschelig oder sehr gesellig in Laub- und Nadelwäldern vorkommt, sowie mit dem Waldfreund-Rübling, *Collybia dryophila (Bull. ex Fr.) Kummer,* einem in Form und Farben unglaublich veränderlichen Pilz. Den Waldfreund-Rübling sollte man auf keinen Fall essen; durch ihn sind schon schwere »Verdauungsstörungen« verursacht worden. Die Unverträglichkeit des Waldfreund-Rüblings kommt von seiner den Schwindlingen ähnlichen Fähigkeit, nach dem Eintrocknen wieder aufleben zu können.

52 Knoblauch-Schwindling

Marasmius scorodonius (Fr.) Fr.

Der 2–3 cm breite, flachgewölbte, bis völlig ausgebreitete, meist kleingenabelte, sehr oft verbogene *Hut* ist zartockerbraun bis rötlichbraun gefärbt und hat eine glatte Oberfläche.
Die entferntstehenden, untermischten, am Stiel langbogig angewachsenen *Lamellen* sind weißlich bis cremefarben. Der 3–4 (5) cm lange, schlanke, zähhornartige *Stiel* ist oben blaßbraun, zur Basis hin dunkelbraun oder rotbraun gefärbt.
Das *Fleisch* ist im Hut häutig und strichartig weiß, im Stiel rotbraun und sehr zäh. Der Pilz *schmeckt* mild und *riecht* nach Knoblauch, durchwässert besonders stark. *Wert:* Es ist ein Würzpilz. Die getrockneten Hüte gehen, in Wasser gelegt, wieder auf und *riechen* dann stark nach Knoblauch.
Vorkommen: In Nadelwäldern, gern am Stammgrund der Bäume wachsend.
Verwechslungsmöglichkeiten: Zuweilen wird der ungenießbare Nadel-Schwindling, *Micromphale perforans (Hofm. ex Fr.) Sing.,* mit dem Knoblauch-Schwindling verwechselt. Der Nadel-Schwindling hat einen 0,5–0,8 cm großen, hell rötlichbraunen *Hut,* entferntstehende *Lamellen,* einen sehr dünnen, oben bräunlichen, unten schwarzen, Roßhaar ähnlichen Stiel und einen stinkenden Geruch. Er wächst massenhaft auf Fichtennadeln. Die Schwindlinge haben die Eigenschaft, einzutrocknen und bei Feuchtigkeit wieder aufzuleben.

53 Anis-Zähling

Lentinellus cochleatus (Pers. ex Fr.) Karst.

Die bis 10 cm breiten, scheiben-, muschel- oder tütenförmigen, zuweilen seitlich aufgeschlitzten *Hüte* haben einen abgerundeten, etwas vorgezogenen *Rand* und sind ockerbraun bis rötlichbraun gefärbt.
Die engstehenden, am Stiel weit herablaufenden *Lamellen* sind jung weißlich, alt zart fleischfarben und haben eine gesägte Schneide. Die bis 6 cm langen, um 1 cm dicken, längsfaltigen, etwas runzeligen *Stiele* sind oben wie der Hut gefärbt und werden an der Basis etwas dunkler rotbraun. Die am *Stielgrund* büschelig verwachsenen Fruchtkörper sehen aus wie ein Blumenstrauß.
Das *Fleisch* des Pilzes ist im Hut und Stiel weiß, blaß holzfarben, ledrig zäh. Es *riecht* anisartig. Der Anis-Zähling ist jung als Mischpilz verwendbar.
Vorkommen: An alten Laubholzstöcken und liegenden morschenden Laubholzprügeln zu finden; in manchen Gegenden kommt er nicht selten vor.

54 Hallimasch

Armillariella mellea (Vahl i. Fl. Dan. ex Fr.) Karst. !

WENZELSPILZ, MICHAELISCHWAMM

Der einzelne *Hut* des büschelig wachsenden Pilzes ist in der Jugend erst kugelförmig mit ganz geschlossenen Köpfchen, dann eingerollt bis ausgebreitet, schließlich abgeflacht bis niedergedrückt, 3–12 (18) cm breit, zuerst mit dem Stiel durch einen *Schleier* verbunden, ziemlich dünnfleischig, in der Farbe sehr veränderlich, honiggelb bis schmutzigbraun oder fuchsigbraun, in der Hutmitte mit dunkleren, zottigen, leicht abwischbaren Schüppchen besetzt, am Rande gerieft. Die *Lamellen* stehen ziemlich entfernt, sind am *Stiel* angewachsen, teilweise mit Zahn herablaufend, anfangs schmutzig weißlich, dann rötlich, gelbrötlich bis fleischbräunlich und oft braunfleckig. Untere Hüte sind oft vom Sporenstaub der oberen Hüte mehlig bepudert. Der *Stiel* ist 5–12 (15) cm hoch, voll, an der *Spitze* fleischblaß, gelbbräunlich, gerillt, jung mit keulenförmiger gelblicher *Basis*, später grünlichgrau, schwärzend und grobfaserig, fast holzig, mit gelblichweißem, oberseits gerieftem, aufsteigendem und dickhäutig-flockigem *Ring*. Das *Fleisch* ist ziemlich dünn, weißlich bis hellbräunlich, fast geruchlos, beim rohen Pilz mit säuerlichem, abscheulich seifig im Halse zusammenziehendem *Geschmack* (!), *gekocht* aber mild und schmackhaft. Eine Kostprobe

54 Hallimasch

55 Winterpilz

davon ist unerläßlich zu gründlicher Bekanntschaft und läßt den Pilz später jederzeit in allen Tarnungen sicher wiedererkennen.
Der Hallimasch wächst im Spätherbst bis zu den Frösten fast überall, immer in vielköpfigen, großen und dichten Büscheln auf Stümpfen von Laub- und Nadelholz, auf flachstreichenden Wurzeln der Waldbäume im Boden und an den unteren Teilen lebender Stämme, wo seine wurzelähnlichen Stränge unter der Rinde hoch hinaufwachsen. Auch in Obstgärten ist er kein seltener Gast. Jung, ohne die holzigen Stiele, ist er als Massenpilz des Spätherbstes ein ergiebiger und beliebter Speisepilz. Roh hat er *giftige* Wirkungen, muß daher gut durchgekocht werden. Aber auch wenn er gekocht ist, wird er von manchen Leuten nicht vertragen.
Dem Forstmann ist er als einer der schlimmsten Baumschädlinge verhaßt. Denn er ist ein gefährlicher Holzzerstörer, der durch Erdkrebs oder Harzsticke und Weißfäule in Wäldern und Obstgärten schweren Schaden anrichtet. Wo sein Myzel faule Stümpfe oder Wurzeln durchzieht, kann es im Finstern leuchten.

55 Winterpilz

Flammulina velutipes (Curt. ex Fr.) Sing.

SAMTFUSS-RÜBLING, WINTER-RÜBLING

Die *Einzelhütchen* des büschelig wachsenden Pilzes sind 2–10 cm breit, dünnfleischig, nackt, klebrig glänzend, honiggelb bis lebhaft rostgelb oder orangerot, seltener blaßgelb oder reinweiß. Die *Lamellen* sind blaßgelblich. Der *Stiel* ist 3–8 cm hoch, ziemlich dünn und zäh, manchmal abgeplattet, im Alter hohl, im oberen Teil gelblich, unten braun, mit schwarzbraunem bis olivbraunem Samtfilz besetzt, am Grunde verschmälert und fast wurzelnd, in weichem Mulm manchmal auch sehr langwurzelig. Das Fleisch ist dünn, weißlich, zart, geruchlos, getrocknet gummiartig und schmeckt mild.
Der Winterpilz wächst büschelig an Stümpfen und toten Stämmen, aber auch an lebendem Nadelholz und Laubbäumen aller Art in Laub- und Nadelwäldern, Gärten und Anlagen, besonders gern an alten Weidenstümpfen, Johannisbeersträuchern und Alleebäumen vom Spätherbst in milden Wintern bis zum März, einzeln aber auch das ganze Jahr über. In den Städten findet man alljährlich ganze Stämme besonders von Eschen und Robinien bis hoch hinauf voll der glänzenden, vielköpfigen Pilzbüschel. Bisweilen sind sie so beinhart gefroren, daß sie in der Tasche wie Nüsse scheppern. In solchem Zustande dauern sie lange aus, können aber beim ersten milderen Wetter wieder lustig weiterwachsen.

Wie die Schwindlinge (*Marasmius*-Arten) können auch sie völlig austrocknen und wieder aufleben. Sie lassen sich leicht züchten.
Großem Erstaunen begegnet man, wenn man in günstigen Jahren um die Weihnachts- oder Faschingszeit nach härtesten Frosttagen einen ganzen Hut voll oder mehr der appetitlichen Pilzchen nach Hause trägt. Leider zerstören unverständige Rohlinge sie häufig mit Stöcken und Steinen, so daß von der Herrlichkeit kaum noch etwas übrig bleibt; oft aber kann man sich bald wieder über jungen Nachwuchs freuen. Der Samtfuß-Rübling liefert, auch steif gefroren, mitten im Winter noch schmackhafte, frische Pilzgerichte. Eine Verwechslung mit schädlichen Arten ist, zumal im Winter, nicht zu fürchten. *Vorsicht* bei gefrorenen und wieder aufgetauten Pilzen!

56 Stockschwämmchen !

Kuehneromyces mutabilis (Schff. ex Fr.) Sing. & Smith

Das einzelne *Hütchen* des büschelig wachsenden Pilzes ist 3–6 (10) cm breit, halbkugelig gewölbt bis verflacht, mit stumpfem Buckelchen, glattrandig, bisweilen aber auch gerieft, dünnfleischig, fettig glänzend, bei Trockenheit honiggelb oder lederbraun bis zimtbräunlichfuchsig, bei Feuchtigkeit am Rande mit ringförmiger, zimtbrauner Wasserzone. Der *Rand* bleibt lange feucht. Untere Hüte des Büschels sind meist von *Sporen* der oberen Hüte rostbraun bepudert. Die *Lamellen* sind blaß zimtbräunlich bis rostbräunlich, stehen sehr dicht, sind am Stiel angewachsen und laufen leicht herab. Der *Stiel* ist 5–7 cm hoch, blaß, kahl, ziemlich dünn, zäh, oft verbogen, anfangs voll, später hohl, mit aufsteigendem, häutigem bis flockigem, abstehendem, oberseits gelbbräunlichem, unterseits rostbraunschwärzlichem und vergänglichem Ring, unterhalb desselben dunkelrostbraun, feinsparrig bis schuppig und büschelig verwachsen. Das *Fleisch* ist dünn, etwas wässerig, im Hute blaßgelblich, im Stiele rostbräunlich und *riecht* schwach holzartig aromatisch. Der *Geschmack* ist mild und angenehm würzig.
Das Stockschwämmchen wächst von (April) Mai bis Dezember in vielköpfigen Büscheln an morschen Stümpfen von Laubbäumen, hauptsächlich Buchen, *seltener* auch an Nadelholz, ziemlich verstreut, aber stellenweise häufig. Es ist ein ausgezeichneter Speisepilz und Würzpilz, besonders zu Suppen und Soßen und zur geschmacklichen Verbesserung weniger schmackhafter Pilzgerichte. Trotz seiner Kleinheit ist er sehr ergiebig, weil ein einzelner Pilzrasen Hunderte von Hütchen enthalten kann und oft schon allein zu einer Mahlzeit ausreicht. Es läßt sich auch leicht züchten.

56 Stockschwämmchen

57 Rauchgrau-
blätteriger
Schwefelkopf

58 Schopf-Tintling

Das Stockschwämmchen hat einen »giftigen« Doppelgänger, den Nadelholz-(Schüppling)Häubling, *Galerina marginata (Fr.) Kühn.* Sein *Hut* ist 2–5 cm breit, feucht dunkelhonigfarben, trocken tonblaß. Die *Blätter* stehen eng, sind dünn und am Stiel angewachsen, etwas herablaufend, lichtbraun gefärbt. Der *Stiel* ist bis 5 cm lang, ca. 0,5 cm dick; oben in Hutfarbe zur Basis dunkelbraun, in der Stielmitte mit einem sehr vergänglichen Ring. Er *riecht* nach Mehl. Man findet ihn am Nadelholz, gesellig bis büschelig.
Wert: »Giftig«, enthält Giftstoffe, die auch bei den »Knollenblätterpilzen«, Nr. 22 und 23, vorkommen.

57 Rauchgraublätteriger Schwefelkopf

Hypholoma capnoides (Fr. ex Fr.) Kummer

Der Pilz wächst ebenfalls büschelig. Das einzelne *Hütchen* ist 2–7 cm breit, matt zitronengelb bis orangebräunlich, glatt, kahl, nackt, halbkugelig bis abgeflacht, bisweilen unregelmäßig verbogen, in der Mitte meist rostrot, am Rande zuweilen noch mit weißlichem bis schwärzlichem Gewebesaum behangen. Die *Lamellen* sind weißblaß oder graugelblich bis rauchgrau, werden dann grauviolett und beim alten Pilz schwärzlichbraun. Der *Stiel* ist 5–10 cm hoch, dünn, oft verbogen, weißlich bis glänzend gelb, am Grunde dunkler bis rostfuchsig. Das *Fleisch* ist fest, weißlich und schmeckt mild, nie bitter (Kostprobe!). Der *Geruch* ist schwach, beim getrockneten Pilz stärker, und erinnert an *Holz*, bisweilen auch an grüne Erbsen.
Der Pilz wächst ganzjährig, einzeln schon im Vorfrühling, massenhaft aber erst von August bis November oder bisweilen noch länger an Nadelholzstümpfen, meistens büschelig bis rasig. Er ist ein schmackhafter *Speisepilz* und wegen seines büschelig-rasigen Wachstums recht ergiebig.
Verwechseln kann ihn der Anfänger mit dem sehr bitteren Grünblätterigen Schwefelkopf, *Hypholoma fasciculare (Huds. ex Fr.) Kummer,* der ebenfalls büschelig an Laub- und Nadelholz wächst, und anderen Schwefelköpfen. Der Rauchgraue Schwefelkopf ist in manchen Jahren auch ein schätzbarer Winterpilz und dem Samtfuß-Rübling, *Flammulina velutipes,* Nr. 55, gleichwertig.
Bemerkung: Der Grünblätterige Schwefelkopf ist *giftig* und dürfte seiner Bitterkeit wegen kaum zum Verspeisen verlocken. Man sollte die Merkmale des Rauchgraublätterigen Schwefelkopfes genau beachten, besondere Aufmerksamkeit ist dabei auf die Farbe der Blätter zu richten.

58 Schopf-Tintling

Coprinus comatus (Müll. in Fl. Dan. ex Fr.) S. F. Gray

PORZELLAN-TINTLING, SPARGELPILZ

Der *Hut* des stattlichen Pilzes ist 5–8 (15) cm hoch und 3–4 cm breit, eiförmig bis kerzenförmig, bald kegelig-glockig und schließlich aufgeschirmt, anfangs dem Stiele dicht anliegend, schneeweiß, doch vom Rande her bald rosa bis schwärzlich, mit abstehenden weißen und bräunlichen, filzigen *Schuppen*, oft klebrig, am Scheitel mit einem bräunlichen, derbhäutigen *Schopf* (Name!).
Die dünnen, dichtstehenden *Lamellen* sind an beiden Enden verschmälert, am Stiel frei und zuerst reinweiß, vom Hutrande her aber bald rosa, purpurrosa bis bräunlich, am Ende tintenschwarz. Sie verkleben leicht und zerfließen schnell zu einer tintenähnlichen Flüssigkeit. Die *Lamellenschneiden* erscheinen weißlich.
Der 10–20 cm hohe *Stiel* ist weiß, feinfaserig, röhrighohl, aber fest, und hat einen schmalen, beweglichen, häufig sehr flüchtigen weißen *Ring*, der den eingebogenen *Hutrand* des jungen Pilzes anfänglich dicht abschließt (s. Abb.). Das *Fleisch* ist weich, weiß und sehr zart, verfärbt jedoch sehr bald. *Geruch* und *Geschmack* sind schwach, aber mild und angenehm.
Seinen Standort hat der Pilz, der wie aus feinstem Porzellan modelliert erscheint (Name!), vom April bis zum November fast überall, selbst in den Großstädten, auf fettem, nährstoffreichem Boden, an Straßenrändern und in Straßengräben, auf Schutt- und Kehrichtplätzen, Komposthaufen, gedüngten Wiesen, in Gärten und Gewächshäusern und an Waldwegen oft hoch hinauf im Gebirge längs den Viehtritten. In seiner kurzen Jugend, das heißt solange die *Lamellen* noch weiß oder zart rosa sind, ist er ein schmackhafter Speisepilz. Außer guten Suppen und Soßen liefert er zudem noch einen vorzüglichen Pilzextrakt.

Hutabschluß (späterer flüchtiger Ring) des Schopf-Tintlings

Verwechselt wird er zuweilen mit grauen Verwandten, besonders mit dem Falten-Tintling, *Coprinus atramentarius (Bull. ex Fr.) Fr.*, der aber nur um den Hutscheitel sehr feine, abwischbare Schüppchen hat und einen graubraunen Stiel mit einer zuweilen volvaartig etwas angeschwollenen Basis.
Eine Besonderheit bei den Tintlingen: Sie dürfen nicht mit *Alkohol* zusammen genossen werden! Denn dann wirken sie *giftig* und führen zu Kreislaufstörungen.

59 Reifpilz

Rozites caperata (Pers. ex Fr.) Karst.

ZIGEUNER, RUNZELSCHÜPPLING

Der *Hut* des mittelgroßen Pilzes hat 5–10 (12) cm Durchmesser, kommt aus dem Waldboden mit einer blaßviolettlichen, seidigen *Gesamthülle*, ist kugelig bis eiförmig, dann glockig, wölbt sich auf und breitet sich flach aus, wird im Alter trocken, verbogen, strahligrunzelig bis grubig gefurcht und vom Rande her oft strahlig eingerissen. Seiner Farbe nach ist er blaßgelb bis semmelgelb, kahl, schwach glänzend, wird strohgelblich bis lehmfarbig und ist von Resten der weißflockigen zerrissenen *Hülle* besonders in der Hutmitte zart weißlich bis silberiglila bereift (Reifpilz!). Der matt opalisierende Glanz ist für den Pilz sehr charakteristisch. Die Oberhaut ist abziehbar. Die *Lamellen* sind dichtgedrängt, erscheinen oft queraderig, sind lehmgelb bis fleischgelblich, zuletzt rostbraun, am Stiel ausgebuchtet und angeheftet. Die *Lamellenschneide* ist weißlich und feingekerbt. Der *Stiel* ist 5–10 (12) cm hoch, kahl, weißlich, seidig, kräftig und gedrungen, fast gleichmäßig dick, voll und festfleischig, oben weißflockig, unter dem schmutzigweißlichen bis violettlichen, derben und dauerhaften, anfangs abstehenden, später hängenden, schmalen und häutigen, leicht entfernbaren Ring blaßgelblich und feinfaserig gestreift, am Grund etwas knollig verdickt, mit anliegendem, dünnhäutigem und lilablassem Gürtel (Hüllerest). In der Jugend sind *Hutrand* und *Stiel* durch den häutigen Ring fest verbunden. Das *Fleisch* des Hutes ist ziemlich dick, weißlich bis gelblich, bisweilen blaßviolettlich, unter der Hutmitte semmelgelblich bis hellorange; im Stiel ist das Fleisch etwas wässerig und längsfaserig. Der *Geruch* des Runzelschüpplings ist schwach, sein *Geschmack* ist mild und angenehm.

Ringansatz des Reifpilzes

Der Reifpilz wächst von (Juli) August bis zu den ersten Frösten im Oktober in Laub- und sandigen Nadelwäldern, besonders unter Fichten und Kiefern, zwischen Heidelbeersträuchern und auf moosigem Grunde gesellig, oft truppweise bis rasig. Er ist ein vorzüglicher *Speisepilz* und als Massenpilz sehr ergiebig, leider oft madig.

In der Jugend kann er auch Haarschleierlingen, besonders dem giftigen und stinkenden Lila Dickfuß, *Cortinarius traganus Fr.*, ähnlich sein, ist aber durch seinen dauerhaften Ring, die feine Bereifung, die Farbe des Fleisches und den angenehmen Geruch unschwer von ihnen zu unterscheiden.

59 Reifpilz

60 Ziegelroter Rißpilz **giftig**

Inocybe patouillardii Bres.

MAIRISSPILZ, ZIEGELROTER FASERKOPF

Der kleine bis mittelgroße, oft recht ansehnliche Pilz hat einen 2,5–8 (12) cm breiten, fleischigen *Hut*, ist erst kugelig, dann kegelig bis glockig, schließlich verflacht, oft auch wellig oder unregelmäßig verbogen, mit buckeligem Scheitel, strahlig faserigseidig und im Alter vom Rande her strahlig eingerissen (Rißpilz!). Die Farbe des Hutes ist sehr veränderlich, anfangs reinweiß, glatt und kahl, dann strohgelblich bis ockerbräunlich, in der Mitte »weißblaß, wie bereift«. Bei *Bruch* und *Berührung* läuft er ziegelrötlich an und wird im Alter und beim Liegen langsam ganz rosa bis ziegelrot. Die *Lamellen* stehen dicht, sind ausgebuchtet, fast frei, etwas verschmälert, laufen kurz mit Zähnchen am Stiel herab, sind in der Jugend weißlich, rosa bis rostgelblich, später rotbräunlich oder olivgraulich und werden schließlich einheitlich erdbraun bis ziegelrot, mit gekerbter, weißlicher Schneide. Der *Stiel* ist 4–10 (14) cm hoch, zylindrisch, voll, oft gekrümmt, an der Spitze weißkleiig besetzt, sonst weißlich bis lachsrosa oder ziegelrot, seidenfaserig und am Grunde bisweilen knollig gerandet. Das *Fleisch* ist fest und weiß, im *Hute* gelblich, bald rötlich durchzogen und rötet schließlich im ganzen Pilz.

Der *Geruch* ist anfangs schwach, dann obstig oder spirituös, der *Geschmack* jung nußartig, im Alter widerlich zusammenziehend. Bei Geschmacksprobe Vorsicht!

Der gefährliche Giftpilz wächst gern in Flußauen, Laubwäldern, an Uferböschungen und Wegrändern im Grase, auch in Anlagen und Gärten, bisweilen sogar im Kies der Parkwege von (Mai) Juni bis August (September) in kleinen oder größeren Gruppen, ziemlich standortstreu, in manchen Jahren selten, in anderen plötzlich fast massenhaft.

Der Ziegelrote Rißpilz ist tödlich giftig und einer der gefährlichsten Standortsnachbarn des Mai-Ritterlings, Nr. 34, und der Egerling-Arten (Champignons). Er enthält bis vierhundertmal soviel Muskarin wie ein Fliegenpilz (C. H. Eugster 1960), kann ziemlich groß und stattlich, einem Ritterling und sogar einem aufgeschirmten Reifpilz, Nr. 59, in seiner zigeunerischen Tracht ähnlich werden.

Bemerkung: Unter den Rißpilzen sind nach neueren Forschungsergebnissen einige Arten mit wenig oder gar keinem Muskaringehalt, ihre Mehrzahl ist aber nach wie vor so hochgiftig und ihre Unterscheidung so schwierig selbst für gute Pilzkenner, daß kein Anfänger sich an ihren Genuß wagen darf.

61 Erdblättriger Rißpilz **giftig**

Inocybe geophylla (Sow. ex Fr.) Kummer

Der 2–3 (4) cm breite, jung meist steilkonische, am Scheitel abgerundete, bald flachgewölbte, alt nicht selten scheibenförmig werdende *Hut* hat meist einen stark erhabenen konischen oder breitwarzigen Buckel. Der jung eingebogene, mit einem weißlichen fädigen Schleier (= Cortina) behangene, alt abgebogene bis abstehende *Hutrand* reißt tiefspaltend ein. Die Hüte sind weiß gefärbt, am Scheitel etwas gelbocker getönt und haben eine feinfaserige Bedeckung, die zum Rand hin etwas gröberfaserig wird.
Die normalweit entfernten, untermischten, am Stiel langbogig angewachsenen, etwa 0,5 cm dicken *Lamellen* sind jung beige gefärbt, sie werden alt lichtbraun und sind nicht selten etwas olivstichig. Die glatte, zuweilen schwach schartige *Lamellenschneide* ist durchgehend weißlich bewimpert.
Der 5–7 (8) cm lange, 0,5–0,6 (0,7) cm dicke, zylindrische *Stiel* hat eine glatte oder wenig knollige Basis. Die weißlichen, zuweilen schwach gelblichen Stiele sind oben *bereift*, zur Basis hin fein *befasert*.
Bemerkung: Die oben beschriebene weiße Hauptform kommt auch in allen Teilen violett oder lila gefärbt vor. Seltener sind strohgelbe oder gar rötende Formen.
Das *Fleisch* ist im Hut weißlich und etwa 1 mm dick, im Stiel weißlich, faserig, leicht brechend. Der Pilz *riecht* schwach erdig. Er ist *giftig* (s. bei Nr. 60).
Vorkommen: Den Erdblättrigen Rißpilz findet man meist im Herbst, in Nadel- und Laubwäldern, oft sehr zahlreich am grasigen Rand von Waldwegen; er ist überall verbreitet.
Verwechslungsmöglichkeiten: Der Pilz ist an seinen arteigenen Merkmalen, besonders der *Farbe*, gut zu erkennen. Meist sind die Rißpilze an ihrer faserigen bis kleinschuppigen *Hutbekleidung*, dem einreißenden *Hutrand* und ihrer Form sofort zu erkennen; schwieriger ist oft die Artbestimmung.

62 Behangener Faserling

Psathyrella candolleana (Fr.) Mre.

Der 3–4 (6) cm breite, jung halbkugelige oder eichelförmige, alt geschweift gewölbte, etwas glockenförmige, seltener fast scheibenförmig werdende *Hut* hat jung ein weißliches, fast häufiges *Velum*, das beim Aufschirmen in kleinen Fetzen am *Rand* zurückbleibt, alt aber völlig

60 Ziegelroter Rißpilz

61 Erdblättriger Rißpilz

62 Behangener Faserling

fehlt. Die jung zartockerlichen, alt grauweißen, purpurlila scheinenden Hüte werden vom Scheitel her bräunlich, sie sind vom *Rand* bis zur *Hutmitte* runzelig gerieft.
Die gedrängt stehenden, untermischten, bogig angewachsenen dünnen *Lamellen* sind jung weißlich, werden bald dunkellila, im Alter dunkelbraun.
Der 3–6 Zentimeter lange, 0,2–0,5 Zentimeter dicke, röhrighohle, meist gleichdicke *Stiel* hat eine abgerundete, zuweilen kurz wurzelnde *Basis.* Die weißen oder zart wässerig ockergefärbten *Stiele* brechen sehr leicht ab.
Das *Fleisch* ist im Hut weiß etwa 1 mm dick, im Stiel weißlich, faserig.
Der Pilz ist *eßbar.* Er ist sehr zerbrechlich und besonders zur Pilzsuppe geeignet.
Vorkommen: Man findet den Behangenen Faserling von Ende Mai bis Herbst im Laubwald, in Gärten, in Parkanlagen, oft büschelig an oder um Laubholzstöcke wachsend.
Bemerkung: Durch sein häufiges Vorkommen ist der Behangene Faserling die bekannteste Art der etwa 80 Faserling-Pilze. Beachtet man den *Standort* und die *Merkmale* des Behangenen Faserlings nicht ganz genau, ist eine *Verwechslung* mit anderen Faserlingen durchaus möglich.

63 Heide-Schleimfuß

Cortinarius mucosus (Bull. ex Fr.) Fr.

Der 5–10 (15) cm breite, jung kegeliggewölbte, am Scheitel breit abgerundete, bald flachgewölbte, scheibenförmige, zuweilen flachgebuckelte *Hut* hat jung einen kurz eingebogenen *Rand*, von dem sich ein dichtfädiger weißer Schleier (= Cortina) zum Stiel spannt. Alt ist der Rand kahl, kurz abgebogen oder abstehend. Die bei feuchtem Wetter stark schleimigen, trocken glänzenden Hüte sind am Scheitel fuchsrötlich oder gelblichocker gefärbt. Diese Farbe wird zum Rand hin merklich heller.
Die eher engstehenden, untermischten, am *Stiel* ausgebuchtet angewachsenen Blätter sind jung ockerlich oder holzgelblich gefärbt und werden alt rotbraun.
Der 6–8 cm lange, 1–2 cm dicke, zylindrische oder etwas verjüngte *Stiel* hat eine etwas zugespitzte, etwa 1 cm tief im Boden steckende *Basis.* Die schleimigen Stiele sind weißlich oder zartockerlich gefärbt, schimmern zuweilen zart violett und haben, etwa 1 cm unter dem Lamellenansatz, einen schmalen Gürtel von Schleierresten (= Cortinaresten).

Sein *Fleisch* ist im Hut weiß oder zart holzfarben, schwammig; im Stiel weißlich, ganz zart ockerlich. Der Heide-Schleimfuß hat einen kaum ausgeprägten *Geruch* und schmeckt mild. Er ist *eßbar* und gilt als brauchbarer Mischpilz.
Vorkommen: Man findet den Heide-Schleimfuß von Juli bis Oktober in Nadelwäldern, vor allem in Kiefernwäldern, auf Sandboden, auch in Birkenwäldern mit Kiefern.
Verwechslungsmöglichkeiten: Mit anderen Schleimfüßen, z. B. mit dem Bitteren Schleimfuß, *Cortinarius vibratilis (Fr.) Fr.*, der aber einen gelblich gefärbten Hut hat und gallenbitter schmeckt, wie der Name sagt.
Bemerkung: Ein vorwiegend in Fichtenwäldern wachsender Schleimfuß ist der Blaustiel-Schleimfuß, *Cortinarius collinitus, Fr.*, der einen ockerbraun bis rotbraun gefärbten *Hut* und einen stark schleimigen, satt violett oder blau scheinenden *Stiel* hat.

64 Blaugestiefelter Schleimkopf

Cortinarius praestans (Cord.) Gill.

Der 8–20 cm breite, jung halbkugelige (wie ein klein geratenes Käppchen dem jung knollenförmigen Stiel aufsitzend), bald flachgewölbte *Hut* hat einen jung stark eingerollten, alt breitrunzelig werdenden abgebogenen *Rand*. Die jung völlig von einem violett oder ockerweißen Velum überzogenen Hüte sind alt umbraviolett oder braunviolett gefärbt, um den *Rand* grauviolett getönt, einzelne Velumfetzen können vorhanden sein.
Die gedrängtstehenden, am Stiel ausgebuchtet angewachsenen *Lamellen* sind jung blaß grauweiß, alt tonbraun, etwas rostfarben und haben eine gekerbte Schneide.
Der 10–14 cm lange, 2–5 cm dicke, walzenförmige, massiv wirkende *Stiel* hat eine bis 5 cm breite abgerundete Knolle. Die Stiele sind jung mit einem blaß violetten Velumen bedeckt. Die Stielfarbe selbst ist bläulich violett und bleibt lange so, kann aber auch blaßocker bis fast weiß sein, ebenso verfärbt sich auch das Velumen. Die oben stark abgerundete *Knolle* ist an ihrer *Basis* abgerundet, manchmal findet man sie auch ausgespitzt.
Das *Fleisch* ist im Hut weiß, im Stiel jung etwas bläulich, in der Knolle weiß, sehr hart und fest. Es *riecht* kaum ausgeprägt, höchstens schwach fruchtig und *schmeckt* mild. Der Pilz ist *eßbar*. Wegen seiner Härte sollte man ihn dünn aufschneiden und gut dünsten.
Vorkommen: Man findet ihn in Laubwäldern auf Kalkböden, in

63 Heide-Schleimfuß

64 Blaugestiefelter Schleimkopf

65 Geschmückter Gürtelfuß

Hexenringen wachsend. Im Mittelgebirge und in den Alpen kommt er vor, während man ihm in den Ebenen oft gar nicht begegnet.
Der Blaugestiefelte Schleimkopf wird auch Schleiereule genannt. Er gehört zu der etwa 150 Arten zählenden Untergattung Schleimköpfe und Klumpfüße *(Phlegmacium)*, Gattung Schleierlinge *(Cortinarius)*.

65 Geschmückter Gürtelfuß

Cortinarius armillatus (Fr.) Fr.

Der 10(–15) cm breite, geschweift gewölbte, zuweilen breitgebuckelte *Hut* hat einen dünnen, oft sehr auffällig geknickten, seltener abstehenden Rand, der jung durch einen feinfädigen zinnoberroten *Haarschleier* mit dem Stiel verbunden ist. Die rotbraun oder fuchsig gefärbten Hüte sind fein befasert oder anliegend klein beschuppt.
Die entfernt stehenden untermischten, bis 1,5 cm dicken, am Stiel etwas ausgerandet angewachsenen *Lamellen* sind jung hellockerlich gefärbt und werden alt rotbraun.
Der 10–15 (20) cm lange, oben 1–1,5 cm, unten 2–4 cm dicke, zylindrische, zur stark knolligen *Basis* hin oft konisch verdickte, feinbefaserte *Stiel* ist ockerbräunlich oder rotbräunlich gefärbt. Die Stiele sind im unteren Drittel mit 2–3 (5) etwas schräg verlaufenden zinnoberroten *Gürteln* geschmückt.
Das *Fleisch* des Geschmückten Gürtelfußes ist in Hut und Stiel jung weißlich bis zart rötlich, alt blaßbraun, schwammig und oft stark von Madengängen durchzogen. Der Pilz hat keinen ausgeprägten *Geruch* und *schmeckt* mild. Jung ist er *eßbar.* Er gilt als Speisepilz von minderer Qualität.
Vorkommen: Von Juli bis Oktober findet man ihn an feuchten Stellen im Nadelwald, sehr gern bei Birken, auch in Mooren; stellenweise häufig, nirgends fehlend.
Bemerkung: Der Geschmückte Gürtelfuß ist ein sehr auffallender, schöner Blätterpilz, der kaum verwechselt werden kann. Nur ein kleiner Teil der etwa 200 Arten umfassenden Gürtelfüße und Wasserköpfe (Gattung Haarschleierling) hat so stattliche Fruchtkörper wie der Geschmückte Gürtelfuß, die meisten Arten sind kaum mittelgroß. Die verwirrende Vielfalt der Haarschleierlinge ist kaum zu erfassen. Es gibt unter den Schleierlingen auch »tödlich giftige« Arten, eine davon, der Orangefuchsige Schleierling, *Cortinarius orellanus (Fr.) Fr.*, hat die verheerende Giftwirkung der Grünen und Weißen Knollenblätterpilze. Größte Vorsicht beim Sammeln von Schleierlingen zu Speisezwecken.

66 Pfeffer-Milchling

Lactarius piperatus (L. ex Fr.) S. F. Gray

Der Pilz ist oft sehr groß, dick und derbfleischig, der *Hut* meistens ziemlich regelmäßig, 5–10 (20) cm breit, trocken, glatt, kahl, jung flachgewölbt bis abgeflacht, anfangs mit stark eingerolltem Rande,

dann niedergedrückt bis trichterförmig, bisweilen genabelt, ohne Zonen, schneeweiß oder elfenbeinfarbig, bisweilen etwas bräunlich flekkend. Die *Lamellen* stehen sehr dicht gedrängt, sind dicklich, sehr schmal, gabelig-zweispaltig, weißlich bis gelblich und laufen am Stiele bogenförmig herab. Der *Stiel* ist schlank und kräftig, 3–6 (10) cm hoch, kahl, glatt oder etwas grubig, voll und starr, oft exzentrisch und abwärts verjüngt. Das *Fleisch* ist weiß, hart, starr, brüchig und hat reichlich weiße, beim Eintrocknen grünlich werdende, brennend pfefferscharfe Milch (Kostprobe!). Die Pfefferschärfe kommt von einem Piperon genannten Harz. Der *Geruch* ist schwach aromatisch.
Der Pfeffer-Milchling wächst fast überall sehr häufig von Juli bis Oktober im Laub- und Nadelwald, besonders unter Buchen, gesellig und meist truppweise bis massenhaft. Er ist unschädlich und gilt als ungenießbar sowohl allein als auch im Mischgericht, ist aber von eigenartig herbem Wohlgeschmack, wenn man ihn mit Butter, Speck und Zwiebeln brät. Er kann auch eingesalzen werden. Das Fleisch wird dabei grünlichgrau. Zum Kochen eignet er sich gar nicht. Man schreibt ihm harntreibende Wirkung zu und verwendet ihn gegen Blasenstein.
Verwechseln kann man ihn nur mit dem sehr ähnlichen, oft noch größeren, gedrungenen, unregelmäßig verbogenen Wolligen Milchling, Nr. 67, auch Erdschieber genannt. Wenn der Pfeffer-Milchling trotz seiner Schärfe und leichten Bitterkeit noch Liebhaber findet, so ist das weniger der Fall beim Wollmilchling.

67 Wolliger Milchling !

Lactarius vellereus (Fr.) Fr.

Der 10–20 (25) cm breite, jung stark wolligfilzige, alt ausgebreitete, in der Mitte trichterig eingetiefte, oft stark mit Humusteilchen und Laub- oder Nadelresten bedeckte *Hut* hat jung einen eingerollten, stark filzigen, bald abgebogenen, ausgewachsen abstehenden, verbogenen bis flattrigen *Rand*. Die Hüte sind jung weiß, alt schmutzig weiß gefärbt und haben ockerliche Flecken. Die bald weit entfernt stehenden, ungleichlangen, stark gegabelten, am Stiel angewachsenen bis leicht herablaufenden *Lamellen* sind jung weißlich, alt ockerlich gefärbt, zuweilen ist ein fleischfarbener Stich vorhanden.
Der 2–6 cm lange, 3–5 cm dicke rundliche oder konisch verjüngte *Stiel* hat eine abgerundete, etwas faltige, mit Myzelfäden besetzte *Basis*; er ist wie der Hut gefärbt, zuweilen etwas rostfleckig.
Die weißliche, beim Eintrocknen etwas gelblich scheinende *Milch* schmeckt scharf und bitter, bei *var. velutinus Bert.* mild.

66 Pfeffer-Milchling

Das *Fleisch* des Pilzes ist im Hut weißlich, fest, im Stiel weißlich bis holzfarben und hart, etwas porös werdend. Er hat einen brennend scharfen *Geschmack* und ist *ungenießbar.*

Vorkommen: Ab Mitte August in Laub- und Nadelwäldern, meist gesellig.

Verwechslungsmöglichkeiten bestehen mit dem Pfeffermilchling, Nr. 66, der aber sehr gedrängt stehende Blätter hat. Sehr ähnlich in Form und Farbe ist der Blaublättrige Weißtäubling, *Russula delica Fr.,* der aber keine Milch hat und sehr eigenartig etwas nach Fisch riecht.

67 Wolliger Milchling

68 Fichtenreizker

68 Fichtenreizker

Lactarius deterrimus Gröger
(L. semisanguifluus Heim et Lecl. ss. Neuhoff 1956)

Der *Hut* des mittelgroßen, derben und dickfleischigen Pilzes ist flachgewölbt, anfangs mit eingerolltem Rande, dann niedergedrückt bis trichterförmig, glatt, bisweilen wellig verbogen, nie zottig, lebhaft orange- bis ziegelrot in den Farben der Karotten, durch dunklere Kreise gezont, im Alter, bei Druck und Verletzung grünspanfleckig, schließlich grünlich ausblassend. Die *Huthaut* ist kahl, oft etwas schmierig und nicht abziehbar. Die *Lamellen* laufen am *Stiele* leicht herab, stehen dicht, sind breit, starr und brüchig, ungleich lang und gabelig, orangegelb oder safranfarbig und bei Berührung grünfleckig. Der *Stiel* ist 2–7 cm hoch, gleichmäßig dick, nackt, bald hohl, sehr starr und leicht zerbrechlich, ziegelgelb bis ziegelrötlich und von der *Milch* oft grünfleckig. Das *Fleisch* ist starr, sehr brüchig, weißlich, aber durch die reichliche, safrangelbe bis orangerote Milch bald verfärbt und grünfleckig. Der *Geruch* ist aromatisch, der *Geschmack* streng, harzig!
Seinen Standort hat der Fichtenreizker auf grasigen Waldlichtungen, im Fichtenwald und in der Fichtenjugend, auf Lehmboden, auch in Mooren, immer gesellig und oft massenhaft von Juli bis Oktober. Dieser Speisepilz eignet sich nur zum Braten, nicht zu Suppen und Gemüse. Zum Trocknen eignet er sich nicht. Leider ist er meist madig, schmeckt sehr streng, ziemlich harzig und ist zum Kochen gar nicht zu brauchen.
Bemerkung: Der Edelreizker, *Lactarius deliciosus (L. ex Fr.) S. F. Gray*, wächst gerne bei Kiefern, ist viel weniger flattriger als der Fichtenreizker, seine *Milch* verfärbt langsam weinrot. Man unterscheidet heute etwa 10 Blutreizkerarten; daher rührt auch die unterschiedliche Bewertung als Speisepilze.

69 Birkenreizker

Lactarius torminosus (Schff. ex Fr.) S. F. Gray **!**

ZOTTIGER REIZKER

Der mittelgroße Pilz hat einen ziemlich dünnfleischigen *Hut* von 3–8 (15) cm Durchmesser, ist flach gewölbt, anfangs mit lange Zeit eingerolltem Rande, dann ausgebreitet bis niedergedrückt, schließlich oft trichterförmig, am *Hutrande* stets filzig bis zottig behaart, später oft kahl, bei Feuchtigkeit schmierig, hell rosa- bis fleischrot oder fleischbraun, mit regelmäßigen, kreisförmigen dunkleren Zonen. Die *Lamellen* stehen gedrängt, laufen am Stiele herab und sind unveränderlich

rosagelblich. Der gleichmäßig dicke *Stiel* ist 3–8 cm hoch, porös, aber voll, später hohl, hell fleischrot mit grubigen Flecken. Das *Fleisch* ist weißrötlich bis bräunlich, sehr brüchig, mit reichlicher, unveränderlich weißer und von Harzkörnchen brennend scharfer *Milch*. Der *Geruch* ist schwach, erinnert aber an Terpentin, der *Geschmack* scharf und harzigbitterlich (Kostprobe!).
Der Birkenreizker wächst von August bis Oktober in lichten Wäldern und auf Waldwegen, meistens unter Birken. Es ist roh giftig, nach geeigneter Vorbehandlung aber eßbar und nach Versicherung ostdeutscher Pilzkenner sogar wohlschmeckend. Jedoch sind Pilze, die eine besondere Vorbehandlung brauchen, für den allgemeinen Gebrauch nicht zu empfehlen. Auf unseren Märkten sind sie nicht zugelassen.
Zuweilen findet der Sammler einen Pilz, der der ganzen Haltung nach ein Reizker oder ein Täubling ist, bei dem er aber vergeblich nach den Lamellen sucht. Er ist dann auch meist anders, oft recht lebhaft gefärbt. Bei diesem »Steinreizker« verhindert ein mikroskopisch kleiner Schmarotzerpilz aus der Reihe der Kernpilze (Pyrenomyzeten) durch sein Wachstum die Ausbildung der Lamellen seines Wirtspilzes. Solche Stücke sind nicht zu empfehlen.

70 Milchbrätling

Lactarius volemus Fr.

BIRNENMILCHLING

Der *Hut* des mittelgroßen bis großen, sehr stattlichen Pilzes ist 5–15 (20) cm breit, anfangs kugelig, dann flach gewölbt, jung am *Rand* etwas eingerollt, bald in der Mitte niedergedrückt bis trichterförmig vertieft, mattsamtig bis kahl, glatt und trocken, später oft felderigrissig, schön semmel- oder goldgelb bis leuchtend orange und stets ungezont. Eine *Oberhaut* ist nicht abziehbar. Den dichtstehenden, blaßgelben und dicklichen, starren und brüchigen, am Stiel etwas herablaufenden *Lamellen* entquillt bei der geringsten Verletzung reichlich schneeweiße, an der Luft graulich werdende und klebrige *Milch*, die Lamellen und Finger stark braunfleckig macht. Der *Stiel* ist gleichmäßig dick, 6–10 cm hoch, fest und voll, fast bereift, scherben- bis orangerötlich und am *Grunde* verjüngt und abgerundet. Das *Fleisch* ist dick, weißlich bis gelblich, starr und härtlich. Es *riecht* anfangs süßlich wie Honig, Weißdorn- oder Birnblüten, später hummerähnlich, im Alter aber tranig und schließlich wie Heringslake. Der *Geschmack* ist milde, angenehm, wovon man sich durch eine Kostprobe überzeugen sollte. Man kann den Pilz, solange er noch nicht tranig riecht, auch roh essen. Vorsicht!

69 Birkenreizker

Der Milchbrätling wächst von Juli bis Oktober in Laub- und Nadelwäldern, meist einzeln, an feuchten Stellen aber truppweise und nur gebietsweise, zum Beispiel im Gebirge häufiger. Als Speisepilz ist er sehr beliebt und eignet sich vorzüglich zum *schnellen Braten* in großen Stücken. Am allerbesten schmeckt er im Ganzen, etwas gesalzen, scharf gebraten oder auch gerieben, mit Hackfleisch und Ei vermischt, in Mehl gewendet und gebacken. Beim Kochen und Dünsten enttäuscht er, verliert an Ansehen und Wohlgeschmack, wird leimig und unappetitlich. Zum Trocknen eignet er sich gar nicht, dagegen wohl als Salatpilz, zum Einlegen in Essig oder zum Einsalzen für den Wintergebrauch. Schon seines Geruches wegen ist er kaum zu verwechseln mit anderen Milchlingen, die meistens kleiner sind und scharf schmecken.

71 Milder Milchling

Lactarius mitissimus Fr.

Der 3–6 (10) cm breite, jung fast knopfförmige, alt scheibenförmige, seltener verbogene, etwas eingetiefte, kleingebuckelte *Hut* hat einen jung eingebogenen, alt abstehend, zuweilen gekerbten, seltener wellig

verbogenen *Rand.* Die Hüte sind feucht etwas schmierig, meist einfarbig orangerot, seltener gelborange gefärbt.
Die engstehenden dünnen *Lamellen* sind am Stiel angewachsen, kurz herablaufend, blaß ockerlich gefärbt, in Draufsicht orange schimmernd. Der 3–7 cm lange, 0,4–0,6 cm dicke, rundliche, schlanke, zuweilen etwas verbogene *Stiel* hat eine abgerundete, kaum verdickte *Basis.* Er ist wie der Hut gefärbt und etwas silbergrau überreift. Die unveränderliche weiße *Milch* schmeckt erst mild, dann bitterlich.
Das *Fleisch* des Milden Milchlings ist in Hut und Stiel weißlich, zartgetönt und bricht leicht. Es schmeckt erst mild, beim Kauen dann empfindet man einen scharfen Geschmack. Er gilt als geringwertiger Speisepilz.

70 Milchbrätling

Vorkommen: Von Anfang September bis zu den ersten Frösten findet man den Milden Milchling vorwiegend in Fichten- und Kiefernwäldern, in kleinen Kolonien. Im Spätsommer, wenn die meisten Pilze seltener werden, fällt der Milde Milchling durch seine schöne Orangefarbe besonders auf.

72 Kampfer-Milchling !

Lactarius camphoratus (Bull.) Fr.

Der 3–7 cm breite *Hut* ist beim jungen Pilz halbkugelig mit kleinem Buckel, er wird schnell scheibenförmig, verbiegt zuweilen stark, ist in der Mitte eingetieft und hat einen kleinen, erhabenen, warzigen bis dornartigen Buckel. Der jung wenig eingebogene *Rand* ist bald abgebogen, endlich abstehend und kurz wellig, runzelig, gekerbt. Die runzelige, nie schleimig werdende Huthaut ist satt rotbraun gefärbt und hat meist einen weinroten Stich. Die gedrängt stehenden, am Stiel angewachsenen, wenig dicken *Blätter* sind eigenartig fleischfarben getönt und dunkeln etwas nach. Sie sind nicht selten mit ausgefallenen Sporen besetzt und wirken dadurch weißmehlig bestäubt.
Der 5–6 (8) cm lange, 0,3–0,8 cm dicke, volle, zum Enghohl-Werden neigende, jung rundliche, alt mehr oder weniger längsrunzelige, an der *Basis* abgerundete *Stiel* ist wie der Hut gefärbt und etwas glimmerig bereift.
Die weißliche, alt sehr spärliche, etwas wässerige *Milch* schmeckt mild, wird aber im Mund etwas schärflich.
Das *Fleisch* in Hut und Stiel ist weißlich und brüchig. Der Pilz *riecht* schwach kampferartig, etwas wie Maggiwürze, was erst beim Liegen oder beginnendem Trocknen auffällt.
Der *Geschmack* ist mild, nach längerem Kauen scharf und unangenehm. Der Kampfer-Milchling ist getrocknet in kleinen Mengen *als Gewürz* verwendbar.
Vorkommen: Wir finden den Pilz oft reichlich und gesellig wachsend in Fichtenhochwäldern, und zwar auf dem Nadelstreuteppich, sehr gern an und um alte, stark vermoderte Nadelholzstöcke.
Bemerkung: In denselben Fichtenforsten auf saurem Boden, auch in Mooren, begegnet man sehr häufig einem Milchling, der durch seine rotbraune Farbe, die jung weißlichen, alt mehr fleischfarbenen *Blätter* auffällt. Es handelt sich um den Rotbraunen Milchling, *Lactarius rufus (Scop.) Fr.*, der eine unveränderliche weiße, brennend scharfe *Milch* hat. Der Rotbraune Milchling ist nur nach entsprechender Vorbehandlung (wässern, erstes Kochwasser abgießen) *eßbar.*

73 Maggipilz !

Lactarius helvus Fr.

FILZIGER MILCHLING, BRUCHREIZKER

Der 4–15 (20) cm große, jung polsterförmige, stark verflachende und dabei trichterförmig eintiefende, warzig gebuckelte, wollig-filzige bis klein filzigschuppig werdende *Hut* hat einen bald abgebogenen bis abstehenden, flattrigen, welligverbogenen *Rand.* Er ist gelblichocker, ockerbeige, selten etwas olivocker gefärbt. Zuweilen ist ein ins Orange gehender Stich vorhanden.

Die eher etwas gedrängt stehenden, untermischten, bis 1 cm dicken, am Stiel angewachsenen, etwas herablaufenden *Lamellen* sind lichtocker gefärbt mit einem etwas grauen Beiton, zuweilen schwach olivstichig.

Der 10–15 cm lange bis 3 cm dicke, volle, alt hohl werdende walzenförmige *Stiel* ist oft verbogen, seltener in der Mitte etwas eingeschnürt und wie der Hut gefärbt. Die Stiele sind oben etwas schürfelig besetzt und an der abgerundeten Basis etwas weißlich befilzt.

Die wässerige, spärlich fließende *Milch* schmeckt fast mild. Das *Fleisch* ist in Hut und Stiel weißlich, in den Randzonen gelblich getönt, locker, wenn es alt ist, brüchig. Der Maggipilz riecht nach Liebstöckelkraut, wie Maggi, und zwar kommt dieser Geruch erst beim Trocknen stark durch. Er *schmeckt* mild, etwas kratzend (Kostprobe ausspucken!).

Der Maggipilz ist frisch schwach *giftig*, getrocknet und pulverisiert in kleinen Mengen *als Gewürz* verwendbar.

Vorkommen: Man begegnet ihm von August bis Oktober vorwiegend an feuchten Stellen; oft gesellig, in Flach- und Hochmooren, im Erlenbruch, aber auch in Nadelwäldern wachsend.

74 Mohrenkopf

Lactarius lignyotus Fr.

SCHWARZKOPF-MILCHLING,
MOHRLI, ESSENKEHRER, SCHORNSTEINFEGER

Der 2–5 (8) cm breite, oft kreisrunde, scheibenförmige, in der Mitte oft eingetiefte, warzig oder dornartig gebuckelte *Hut* hat jung einen eingebogenen, bald abgebogenen, seltener abstehenden, fein- bis grobrunzelig gekerbten *Rand.* Die Hüte haben eine feinsamtige runzelige Oberfläche; sie sind tiefschwarz, seltener schwarzbraun gefärbt mit kleinen helleren Flecken.

Die fast engstehenden, ungleichlangen, am Stiel angewachsenen bis

71 Milder Milchling

72 Kampfer-Milchling

73 Maggipilz

74 Mohrenkopf

herablaufenden, um 5 mm dicken *Lamellen* bleiben lange weiß, werden alt elfenbeinweißlich und verfärben sich an Druck- oder Verletzungsstellen schwach rötlich. Am Hutrand können die Lamellen eine schwarzgefärbte Schneide haben und am Stielansatz löcherig verbunden sein.
Der 5–10 (12) cm lange, 0,5–1 cm dicke, volle oder etwas ausgestopfte, rundliche, nicht selten seitlich etwas breitgedrückte, mehr oder weniger längsrunzelige *Stiel* hat am Lamellenansatz sehr auffällige, etwa 1 cm lange Runzeln. Die Stiele sind wie der Hut gefärbt, werden im Stielunterteil etwas heller, an der abgerundeten *Basis* sind sie fast weiß. Die weiße, milde, leicht bittere *Milch* ändert seine Farbe nur am Fruchtkörper.
Das *Fleisch* des Mohrenkopfes ist in Hut und Stiel weiß, fest, langsam blaßrosa bis schmutzig zart rotbraun werdend. Der *Geschmack* ist mild, leicht bitter. Gebraten gilt er als guter Speisepilz.
Vorkommen: Man findet ihn von Juli bis Oktober. Er wächst nicht jedes Jahr und kommt in moosreichen, natürlichen Fichtenwäldern, besonders in Gebirgen vor. Man sollte den schönen Mohrenkopf schonen und nur da sammeln, wo er häufig ist.

75 Rußfarbener Milchling !

Lactarius fuliginosus Fr.

Der 4–9 (12) cm breite, jung polsterförmige, alt flachgewölbte, in der Mitte wenig eintiefende, kaum je gebuckelte, selten sich verbiegende *Hut* hat jung einen eingebogenen, alt einen winkelig, rundlich abgebogenen, seltener stark abstehenden, kurzgerippten Hutrand. Die samtige, bald verkahlende Hutoberfläche ist rußfarben (nie schwarz) und wird im Alter merklich heller, besonders in den Randpartien.
Die entfernt stehenden, untermischten, um 5 mm dicken, am Stiel angewachsenen, etwas herablaufenden *Lamellen* sind jung blaß ockergelblich gefärbt, alt werden sie schmutzig ockerlich; ein zarter lachsfarbener (rosalicher) Farbstich ist vorhanden; Verletzungsstellen färben sich rosa.
Der 5–10 cm lange, 0,7–2 cm dicke, rundliche, schlank wirkende, zuweilen seitlich breitgedrückte, längsrillige, an der Basis abgerundete oder etwas eingezogene *Stiel* ist wie der Hut gefärbt.
Im oberen Drittel etwas aufgehellt, an Basis weißlich durch anhaftendes Myzel. Die weißliche, milde, im Mund etwas bitterlich werdende *Milch* rötet nur in Verbindung mit dem Fleisch.
Das *Fleisch* des Rußfarbenen Milchlings ist in Hut und Stiel weißlich,

fest und läuft im Anschnitt langsam, oft nur an den Rändern, fleckweise rosa an. Sein *Geschmack* ist mild, etwas bitterlich. *Wert*: Nicht empfehlenswert.
Vorkommen: Man findet den Pilz in Laubwäldern, selten in Nadelwäldern mit eingestreuten Laubbäumen; er taucht in kleinen Gruppen bis zu 5 Fruchtkörpern auf. Sehr zerstreut wachsend, im Norden kommt er häufiger, nach Süden hin seltener vor.
Verwechslungsgefahr besteht mit dem in Gebirgsgegenden vorkommenden Pechschwarzen Milchling, *Lactarius picinus Fr.*, der durch seine pechschwarze Farbe auffällt.

76 Zitronen-Täubling

Russula ochroleuca (Pers.) Fr.

OCKER-TÄUBLING

Der Pilz ist klein bis mittelgroß, sein *Hut* 4–8 (10) cm breit, halbkugelig bis abgeflacht, oft auch niedergedrückt bis vertieft und verbogen, glatt, klebrig, trübe zitronengelb bis honiggelb, in der Mitte häufig olivbräunlich bis grünlich, alt ausblassend, mit lange Zeit glattem *Rande*. Die *Hutoberhaut* ist bis zur Hälfte abziehbar. Die *Lamellen* sind weiß bis gelblich, fast frei, ziemlich entfernt, fast gleichlang, manchmal braunfleckig. Der *Stiel* ist weißgelblich, 3–8 cm hoch, walzenförmig, im Alter netzartig gerunzelt und graulich. Das *Fleisch* ist weiß und fest, im Alter schwammigweich und grauend, zerbrechlich, unter der Huthaut gelblich. Der *Geruch* ist schwach obstig und angenehm, der *Geschmack* nur mäßig scharf, bisweilen fast mild (Kostprobe!).
Der Zitronen-Täubling wächst von Juli bis Oktober im Laub- und Nadelwald, besonders aber im Fichtenwalde sehr häufig und oft in großen Mengen. Er ist weitaus der häufigste Täubling und ein Charakterpilz unserer Fichtenwälder, wo er oft massenhaft vorkommt. Als *Speisepilz* ist er geringwertig, aber seiner Häufigkeit halber beachtlich; doch ist er nur als Mischpilz zu empfehlen. Größere Mengen sind vor dem Genusse stets abzubrühen! Die Schärfe des rohen Pilzes verliert sich beim Kochen fast vollständig.
Er wird oft verwechselt mit dem ähnlichen, aber ungenießbaren Gallen-Täubling, Nr. 77; dessen Standort ist aber vorzugsweise der Buchenwald. Ähnlich, aber auf anderem Standort, ist der Moor-Täubling oder Gelbe Graustiel-Täubling, *Russula claroflava Grv.*, der nur unter Birken und Erlen wächst. Sein *Hut* ist chromgelb, sein *Stiel* am Grunde gelblich, sein Geruch obstartig. *Stiel* und *Fleisch* grauen. Er ist ein wohlschmeckender Speisepilz.

75 Rußfarbener Milchling

76 Zitronen-Täubling

77 Gallen-Täubling

78 Speise-Täubling

77 Gallen-Täubling !

Russula fellea Fr.

Der Pilz ist klein und sehr gebrechlich. Sein *Hut* ist 3–7 cm breit, halbkugelig bis flach ausgebreitet, dünnfleischig, im Alter randwärts gerieft, meistens trocken, matt, blaß ockerfalb bis strohgelb, in der *Hutmitte* dunkel ockerbräunlich bis orangerötlich. Die *Oberhaut* ist nur am *Rand* abziehbar. Die *Lamellen* sind gleichfarbig, dichtstehend, schmal und dünn, sehr zerbrechlich, hinten etwas angewachsen und tränen (!). Der *Stiel* ist kurz, 2–6 cm lang, fast von der Farbe des Hutes, kahl, fest und voll bis ausgestopft, schließlich hohl. Das *Fleisch* ist blaßgelblich, sehr spröde und zerbrechlich, der *Geruch* süßlich, nach »Senfsoße oder Pelargonium« (J. Schäffer), der *Geschmack* bitterlich und unerträglich brennend scharf (Kostprobe!).
Man findet den Gallen-Täubling vom Juli bis Oktober in Laubwäldern, seltener im Nadelwald, dagegen sehr häufig und bisweilen massenhaft unter Buchen und Eichen. Der Anfänger verwechselt ihn meistens mit dem Zitronen-Täubling, Nr. 76, von dem er sich durch seine Kleinheit, Starrheit und Zerbrechlichkeit, die falb ockerfarbige Tönung in allen Teilen, den auffallenden Geruch und den äußerst scharfen Geschmack unterscheidet. Der Gallen-Täubling ist ungenießbar und leicht giftig.

78 Speise-Täubling

Russula vesca Fr.

Der Pilz ist meist nur mittelgroß, 5–10 cm breit, sein *Hut* ziemlich regelmäßig, halbkugelig bis flach ausgebreitet, in der Mitte niedergedrückt, fast genabelt, in der Jugend scharfrandig, selten verbogen. Er kommt meistens sehr blaß, fast weiß aus der Erde, wird aber satt fleischfarbig, rosa bis indischrot, lilaviolettlich und rotbräunlich bis blutrot. Im Alter blaßt er oft wieder aus. Durch radiale Aderung ist er feinrunzelig, fast immer rostig gefleckt und am glatten, im Alter schwach gerieften *Hutrand* 1–2 mm breit von der Oberhaut entblößt (!). Die *Huthaut* ist glanzlos, trocken und schwer, meist nur bis zur Hälfte abziehbar. Die *Lamellen* sind weißlich, dichtgedrängt, schmal und dünn, starr und sehr brüchig, ungleich lang, gabelig, am Stiel angewachsen und fast herablaufend. Die *Lamellenschneiden* sind im Alter von Tränen rostfleckig punktiert und zeigen auch große graue Flecken. Der *Stiel* ist 4–7 cm hoch, walzenförmig, zuweilen etwas bauchig, runzelig. Er ist zuerst fest, dann schwammig, weiß, bisweilen auch rosa angehaucht, am Grunde verjüngt und fast immer rostfleckig.

Das *Fleisch* ist dick, weiß, fest und zeigt bald gelbe bis rostige Flecken. Es ist fast geruchlos, *schmeckt* mild und angenehm, haselnußähnlich. Der Speise-Täubling wächst von Juni bis Oktober in Nadel- und Laubwäldern, besonders unter Eichen und Buchen, zerstreut und nicht sehr häufig, meistens an Waldrändern und Waldwegen. Er ist einer der schmackhaftesten *Speisepilze* und auch roh eßbar (Kostprobe!). Das Fleischrot der Huthaut, das an geselchtes Fleisch erinnert, der von der Oberhaut entblößte Hutrand sowie die Rostflecken an Oberhaut und Lamellen kennzeichnen den Speise-Täubling leicht gegenüber anderen roten Täublingen.

79 Lilagrüner Täubling

Russula cyanoxantha Schff. ex Fr.

FRAUENTÄUBLING, BLAUTÄUBERL

Der mittelgroße bis große, stattliche Pilz hat einen 5–12 (15) cm breiten, anfangs halbkugeligen, dann verflachten, manchmal genabelten, schließlich vertieften, oft verbogenen *Hut.* Er ist glatt oder durch strahlig verlaufende erhabene Adern längsrunzelig, feucht klebrig, glänzend und im Alter trocken. In seinen *Farben* ist er sehr veränderlich, ein- oder zweifarbig und in mancherlei Mischtönen von blaßlila bis violett oder grünviolett bis dunkelgrün und im Alter wieder ausblassend. Die Oberhaut ist am Rande oft schwach gerieft und bis zu einem Drittel vom *Hutrand* abziehbar. Die *Lamellen* sind reinweiß, fast gedrängt, breit, beiderseits verschmälert, sehr weich und elastisch, untermischt, vielfach gegabelt, nicht spröde und nicht zersplitternd, angewachsen und laufen, hinten ausspitzend, herab. *Lamellenschneide* und *Stielspitze* sind in der Jugend oft mit milchigen Tröpfchen behangen. Der *Stiel* ist weiß, seltener mit Lila-Anflug, 5–10 cm hoch, kahl, voll und festfleischig bis ausgestopft, walzenförmig, zartgeadert und am Grunde meist verschmälert (verjüngt).

Das *Fleisch* ist dick, reinweiß, kernig, im Alter bräunlich, unter der Hutoberhaut violettlich und *geruchlos,* der *Geschmack* angenehm, nußartig (Kostprobe!).

Man findet den Pilz nicht selten im Laub- und Nadelwald, besonders unter Buchen schon ziemlich früh, von Juni bis November, meist einzeln, aber mancherorts häufig. Dieser sehr wohlschmeckende, vorzügliche Speisepilz ist auch ein sehr geschätzter Marktpilz.

Ihm sehr ähnlich, aber kleiner ist der Taubentäubling, *Russula palumbina Quél.*, mit blaßgelblichen Lamellen, rötlichem Stiel und unter der Hutmitte rötlichem Hutfleisch. Seine Lamellen sind spröde, die Lamel-

79 Lilagrüner Täubling

80 Jodoform-Täubling

81 Milder Wachstäubling

82 Wechselfarbiger
Speitäubling

lenschneiden rötlich. Auch er ist ein guter Speisepilz, wird aber nur von wenigen erkannt und unschädlich fast immer als Frauentäubling mitgesammelt.

80 Jodoform-Täubling

Russula turci Bres.

Der um 6 cm breite, jung polsterförmige, alt scheibenförmige, in der Mitte eingetiefte *Hut* hat einen abgebogenen bis abstehenden, alt punktiert-gerieften *Rand.* Die in der Eintiefung oft sehr dunkle, trüblila, auch rotlila *Hutfarbe* hellt zum Rand hin merklich auf, gelblich ockerliche Flecken sind zuweilen vorhanden, seltener sind völlig gelbockerliche oder ins Grau spielende Hutfarben. Bei Regen ist in der *Hutvertiefung* ein starker Schleim vorhanden, trocken liegt ein feiner Reif auf der fast ganz abziehbaren Huthaut.
Die eher gedrängt stehenden, meist gleichlangen, langbogigen, kaum angewachsenen *Lamellen* sind jung zart cremegetönt und werden alt satt ockergelb. Der bis 5 cm lange, um 1,5 cm breite, alt kammerighohle, zylindrische oder zur abgerundeten Basis hin verjüngte *Stiel* ist weißlich, zuweilen zart rötlich gefleckt.
Das *Fleisch* ist in Hut und Stiel weiß, bald gelblich, nicht besonders fest, im Stiel porös, wattig werdend. Der Pilz *schmeckt* mild. In der Stielbasis riecht er nach Jodoform. Der Jodoform-Täubling ist *eßbar.*
Vorkommen: Vom Sommer bis zum Herbst begegnen wir dem Pilz im Nadel-, seltener im Laubwald. In Kiefernwäldern auf sandigen Böden kommt er oft vor, in Norddeutschland ist er häufig anzutreffen.
Verwechslungsmöglichkeiten bestehen mit dem besonders im Fichtenwald wachsenden Amethyst-Täubling, *Russula amethystina Quél.*, einem mehr violetten und ebenfalls eßbaren Pilz.

81 Milder Wachstäubling

Russula puellaris Fr.

Der 3–5 (6) cm breite, bald flachgewölbte, scheibenförmige, breit eingetiefte *Hut* hat einen auffällig gerieft-punktierten *Rand.* Die sehr verschieden gefärbten, mal violettlichen, mal rötlich violetten, besonders zum Rand hin gelblich ockerlich verblassenden Hüte haben eine im feuchten Zustand halbabziehbare *Huthaut.* Der Milde Wachstäubling hat oft einen zarten rosa Hauch, dessentwegen er auch Mädchen-Täubling genannt wird.

Die in normalem Abstand stehenden, meist gleichlangen, am Stiel langbogig angehefteten, sehr brüchigen, um 0,5 cm dicken *Lamellen* sind blaßgelb und werden bald sattgelb bis ockergelblich.
Der um 5 cm lange, etwa 1 cm dicke, sehr bald hohl werdende, zerbrechliche, schlank zylindrische, zur etwas aufgeblasenen *Basis* hin zuweilen verjüngte *Stiel* ist weißlich und gilbt von der Basis aufwärts.
Das *Fleisch* des Milden Wachstäublings ist im Hut und im Stiel blaßgelblich, schwach bräunend, wenig fest, sehr leicht zerbrechend. Er *riecht* etwas schwach obstig und *schmeckt* mild. Er ist zwar *eßbar*, aber das Sammeln lohnt kaum.
Vorkommen: Man findet ihn vom Frühsommer bis Herbst, vorwiegend in Nadelwäldern.
Bemerkung: Der Milde Wachstäubling gehört zu den kleinen Täublingsarten; er ist an seiner Zerbrechlichkeit und dem Gilben zu erkennen.

82 Wechselfarbiger Speitäubling !

Russula fragilis Fr.

Der meist um 5 cm große, seltener 7–9 cm erreichende *Hut* ist jung flachgewölbt, wird bald scheibenförmig, verbiegt etwas und wölbt sich stark ein und hat einen erst glatten, bald grobpunktiert-gerieften Rand.
Die am Scheitel meist am dunkelsten, zum Rand aufhellende *Hutfarbe* wechselt von violett bis fleischrot. Grünlichgrau ausgeblaßte Flecken sind nicht selten. Die fast ganz abziehbare *Huthaut* ist feucht schmierig, trocken stumpf, glanzlos.
Die eher etwas entfernt stehenden, untermischten, nicht selten gegabelten, halbbogig angewachsenen *Lamellen* sind lange weiß, alt nur etwas wässerig gelbwerdend, sie haben eine feingesägte Schneide (wie die Zähne einer Laubsäge).
Der 3–5 (7) cm lange, etwa 1,5 cm dicke, zylindrische *Stiel* bricht leicht ab, er ist weiß, alt zart wachsfarben.
Das *Fleisch* ist in Hut und Stiel weiß, wenig fest, schiebt sich beim Schneiden watteartig zusammen.
Der Pilz *riecht* schwach nach Kokosflocken, auch obstartig. Er *schmeckt* brennend scharf. Der Wechselfarbige Speitäubling ist ungenießbar, leichtgiftig.
Vorkommen: Man findet ihn von Juni bis Oktober in Laub- und Nadelwäldern, im Moos stehend, zuweilen auch auf vermoderten Baumstümpfen; er ist weitverbreitet. Er gehört zur Großsippe der Speitäublinge.

83 Speitäubling

83 Speitäubling !

Russula emetica Fr. s. lat.

Der Pilz ist meistens ziemlich klein, kann aber auch recht stattlich werden. Der *Hut* ist 3–8 (10) cm breit, dünnfleischig, zerbrechlich, anfangs halbkugelig, dann gewölbt bis verflacht, bisweilen niedergedrückt und am Rande oft höckerig gerieft. Die *Oberhaut* ist bei Feuchtigkeit klebrig glänzend, bei Trockenheit bereift, feucht fast ganz abziehbar. Die Farben sind sehr veränderlich, leuchtend hellrot, kirschrot, blutrot und purpurrot, oft mit schwärzlicher Mitte, schließlich oft weißlich ausblassend. Die *Lamellen* sind reinweiß, bisweilen aber auch grauweißlich, gleich lang, am Stiel abgerundet bis frei, entfernt und ziemlich elastisch, kaum splitternd. Der *Stiel* ist meistens ziemlich kurz, 5–8 cm hoch, glatt, reinweiß, in der Jugend fest, voll und elastisch, im Alter schwammigmürb und sehr zerbrechlich. Das *Fleisch* ist dünn, reinweiß, unter der Oberhaut rötlich, anfangs fest, bald aber zerbrechlich und wird beim Liegen wieder elastisch. Es *riecht* angenehm nach Dörrobst, scheint manchmal mild, schmeckt aber schnell sehr scharf

84 Apfeltäubling

85 Weinroter Graustieltäubling

brennend und hat einen bitterlichen Nachgeschmack. Gekocht schmeckt es mild (Kostprobe! Vorsicht!)
Da der Speitäubling außerordentlich viel variiert, ist er nicht immer leicht von anderen roten Arten zu unterscheiden. Man findet ihn von Juni (Juli) bis November in Laub- und Nadelwäldern oder auf Heiden, meistens im Moos, auf feuchtem, moorigem Grunde. Er ist, roh genossen, *giftig*. Das zeigt sich in Magen- und Darmstörungen mit heftigem Erbrechen und Durchfall. Das scharfe Gift der Täublinge kann jedoch durch Kochen zerstört werden. Nach geeigneter Vorbehandlung (Wässern und Abkochen) wird er in Ostdeutschland als »Süßling« gegessen. Es gibt aber so viele wohlschmeckende, ganz einwandfreie und bekömmliche Pilze, daß man auf diesen »Genuß« verzichten kann.

84 Apfeltäubling

Russula paludosa Britz.

Der 5–15 cm breite, lange Zeit fast halbkugelig gewölbte, ausbreitende, fast scheibenförmige, flachgrubig eingetiefte *Hut* hat einen abgebogenen, alt abstehenden, lange glatten, zuweilen gerieften *Rand.* Die feucht schmierigen, trocken glänzenden Hüte sind schön sattrot, auch gelbrot gefärbt, wobei in der grubigen *Eintiefung* die Farben am sattesten sind und zum Rand aufhellen; mehr oder weniger große gelbliche *Flecken* sind nicht selten. Die dünne *Huthaut* ist vom Rand her bis über die Mitte hin abziehbar. Nimmt man einen noch halbkugelig gewölbten Apfeltäubling in die Hand und verdeckt Blätter und Stiel, dann meint man einen rotbackigen Apfel vor sich zu haben.
Die in normalem Abstand stehenden, untermischten, am Stiel nur wenig angewachsenen *Lamellen* sind sattgelb, etwas ocker scheinend.
Der 6–10 (12) cm lange, bis 3 cm breite, längsrunzelige, walzenförmige, zuweilen oben etwas eingeschnürte, in der Mitte aufgeblasene, zur Basis verjüngte *Stiel* ist weißlich gefärbt, zuweilen rosa angehaucht und graut im Alter etwas.
Das *Fleisch* des Apfeltäublings ist im Hut, ebenso im Stiel weiß und fest. Alt etwas schwammig, porös werdend.
Im *Geschmack* ist er mild, etwa wie grüne Nüsse. Er ist *eßbar* und gilt als guter Speisepilz.
Vorkommen: Man findet den Apfeltäubling von Mitte Juni bis Oktober in Fichten- und Kiefernwäldern, auch in Mooren.
Verwechslungsmöglichkeiten bestehen mit etwa 50 roten Täublingen! Man beachte die Größe, die Apfelähnlichkeit in der Hutfarbe und den leicht grauenden *Stiel.*

85 Weinroter Graustieltäubling

Russula vinosa Lindbl.

Der 3–12 (15) cm breite, jung halbkugelige, bald flachgewölbte, in der Mitte breit eingetiefte *Hut* hat einen abgebogenen, seltener abstehenden *Rand.* Die in der Eintiefung um die Hutmitte oft sehr dunkle, weinrote, lilarote Farbe hellt zum *Rand* auf und wird zuweilen ockerfleckig. Die bei Feuchtigkeit glänzende, bei Trockenheit matte *Huthaut* läßt sich halb abziehen. Die etwas gedrängt stehenden, meist gleichlangen, am Stiel halbbogig angehefteten *Lamellen* sind jung blaß, alt sattgelb (buttergelb) und haben zuweilen eine rot gesäumte *Schneide.* Der 3–7 (8) cm lange, um 2 cm breite glatte, meist durchgehend gleichdicke, zylindrische, seltener oben etwas angeschwollene *Stiel* hat eine abgerundete oder etwas verjüngte *Basis.* Er ist weiß, manchmal auch rot behaucht und graut mit zunehmendem Alter.
Sein *Fleisch* ist im Hut fest, im Stiel schwammig, porig werdend, weiß, erst etwas rötlich anlaufend, beim Liegen grauend. Der Pilz *riecht* obstig, an abstehenden Wein erinnernd, beim Eintrocknen etwas honigartig. Im *Geschmack* ist er mild, nußartig; beim Kauen im Hals brennend. Der Pilz ist *eßbar.*
Bemerkung: Das Fleisch ist in der Stielbasis schon jung grau durchzogen.
Vorkommen: Von Juli bis Oktober findet man ihn in sauren Nadelwäldern, oft sehr reichlich in Kiefernwäldern auf Sandböden. Es gibt vier Graustieltäublinge, von denen drei häufiger bis häufig vorkommen und *eßbar* sind. Der Orangerote Graustieltäubling, *Russula decolorans Fr.*, hat einen orangerot, gelborange gefärbten *Hut* und wächst zuweilen in denselben Kiefernwäldern wie der Weinrote Graustieltäubling. Der Gelbe Graustieltäubling, *Russula claroflàva Grove* (s. bei Nr. 76), hat einen rein chromgelben *Hut,* er wächst in Mooren bei Birken, wo man an trockneren Stellen, bei Kiefern und Fichten auch dem Orangeroten Graustieltäubling begegnet.

86 Brauner Ledertäubling

Russula integra L. ex Fr.

BRAUNTÄUBERL

Der Pilz ist nur mittelgroß, sein *Hut* 6–12 cm breit, kugelig bis gewölbt, schließlich niedergedrückt, auch gebuckelt und verbogen, schmierig, lange Zeit glänzend, kahl, braungelb bis olivbraun oder schokolade- bis purpurbraun, oft in der Hutmitte gelblich ausblassend und am Rande

86 Brauner Ledertäubling

meistens breit gerieft. Die *Huthaut* ist bis zu zwei Drittel abziehbar. Die *Lamellen* sind breit und dick, vorn abgerundet, oft bauchig, lange weißlichblaß und im Alter gelblich bis ockergelb. Der *Stiel* ist fest, derb, bisweilen bauchig, meistens reinweiß, seltener rötlich, 3–9 cm hoch, kahl, seidig, aderigrunzelig und am Grund oft gelbfleckig, das *Fleisch* weiß, mild, nur zuweilen leicht schärflich, *geruchlos* oder schwach obstig, meistens mit mandelähnlichem *Geschmack*.

Der Pilz wächst von Juli bis Oktober fast nur im Nadelwald, ist aber stellenweise häufig. Er ist ein vorzüglicher, etwas härtlicher, jedoch wohlschmeckender *Speisepilz*. Bisweilen findet man ihn schon im Frühsommer unter Fichten und Kiefern. Die klebrige *Oberhaut* ist fast immer mit Nadeln und Erde behaftet, läßt sich aber größtenteils leicht entfernen, was man stets schon im Walde tun sollte.

Der Braune Ledertäubling wird unschädlich verwechselt mit dem vorwiegend im Nadelwald in Gebirgsgegenden wachsenden, sehr schmackhaften Wieseltäubling, *Russula mustelina Fr.*, der sehr festflei-

87 Heringstäubling

88 Grünfelderiger Täubling

schig ist und dunkelbraune, rotbraune oder haselnußbraune Hutfarben hat, leider aber auch mit einem täuschend ähnlichen Doppelgänger, dem Schrecken aller Täublingsfreunde, nämlich dem Zedernholztäubling oder Heimtückischen Täubling, *Russula badia Quél.* Die Lamellen dieses Pilzes riechen gerieben wie Zigarrenkistenholz (Name!). Sein Stiel hat oft einen rötlichen Anflug. Der Pilz schmeckt anfänglich mild, dann aber äußerst scharf, fast unerträglich und lang anhaltend, weshalb er auch »Pfeffertäubling« genannt wird. Eine Kostprobe macht ihn ausreichend bekannt. Er wächst auf saurem Boden, unter Nadelbäumen, oft sehr reichlich in sandigen Kiefernwäldern bis zu den ersten Frösten.

87 Heringstäubling

Russula xerampelina (Schff. ex Secr.) Fr.

Der 4–12 cm breite, dick scheibenförmige, oft breitgewölbte, stattliche, feucht stark schmierige, trocken matt glänzende *Hut* hat eine zur Hälfte abziehbare *Huthaut.* Die Skala der sehr veränderlichen Hutfarbe reicht von blaß hellrot über weinrot bis satt rotbraun. Manchmal sind auch gelbliche und grünliche Flecken zu beobachten.
Die etwas weitstehenden, dicken, am Stiel abgerundet angewachsenen *Lamellen* sind verschieden stark gelblich gefärbt. Der 4–5–6 (8) cm lange, 1–2 (3) cm breite, rundlich walzenförmige, etwas runzelige *Stiel* kann fast weiß, rosa angehaucht oder weinrot sein. Kleine gelbliche Flecken sind nicht selten. Das *Fleisch* des Heringstäublings ist in Hut und Stiel weißlich, druckempfindlich; besonders im Kern bräunlich werdend. Er *riecht* nach Hering, besonders stark bei älteren Fruchtkörpern, der Geruch kann beim Trocknen unangenehm werden. Im *Geschmack* ist er mild. Er ist *eßbar.*
Vorkommen: Ab Mitte Juli bis Oktober findet man ihn in Laub- und Nadelwäldern, häufig, aber nicht überall.
Bemerkung: Einige der Farbrassen bevorzugen besondere Standorte, so wächst eine blaß roströtliche bis fleischrosa Form, *Russula faginea Romagnesi,* im Buchenwald, eine grüne Form, *Russula cicatricata Romagnesi,* mehr im Eichenwald und bei Birken, der Heringstäubling mit weinrotem, in der Mitte fast schwarzrotem *Hut* und satt weinrotem *Stiel* im Fichtenwald.
Bei der Vielfältigkeit der Erscheinungsformen des Heringstäublings bleibt als sicheres Kennzeichen zur Bestimmung immer der Heringsgeruch und das Bräunen bei Druck nicht nur des Fleisches, sondern auch der *Lamellen.*

88 Grünfelderiger Täubling

Russula virescens (Schff.) Fr.

GEFELDERTER GRÜNTÄUBLING

Der *Hut* ist 5–15 cm breit, anfangs geschlossen kugelig bis halbkugelig, dann gewölbt bis ausgebreitet, in der Mitte manchmal niedergedrückt und fast genabelt, mit stumpfem, glattem oder auch höckerig geripptem *Rand.* Die *Oberhaut* ist trocken, kleiig, anfangs fast weiß, dann hellgrün, oder gelblich bis spangrün, sogar graugrün, reißt mehlig oder warzig bis felderig auf und blaßt schließlich gelbgrünlich aus. Angefeuchtet ist sie zur Hälfte bis zu drei Viertel abziehbar. Die *Lamellen* sind weißblaß, frei, ziemlich gedrängt, sehr spröde, ungleich lang und gegabelt-halbiert. Der *Stiel* ist weiß, in der Jugend bereift, meistens gleichmäßig dick, 3–10 cm hoch und immer etwas runzelig. Das *Fleisch* ist weiß, fest bis bröckeligspröde, der *Geschmack* mild und angenehm, nußartig. Der *Geruch* ist oft schwach obstig, im Alter heringsartig.
Man findet den Pilz vom Juli bis Oktober in Nadel- und Mischwäldern, in Gebüschen und einzeln oder gesellig unter Birken, Eichen und Buchen. Leider ist er nur stellenweise häufig, besonders im Gebirge. Er ist ein wertvoller *Speisepilz*, besonders gebraten sehr wohlschmeckend. In der Jugend ist er nicht immer sofort zu erkennen, weil er fast weiß aus der Erde kommt. Aber auch, wenn er von der Sonne ausgebleicht oder noch nicht gefeldert ist, verrät er sich nur durch seine Festigkeit und den nußartigen *Geschmack.*

89 Grasgrüner Täubling !

Russula aeruginea Lindbl.

Der bis 10 cm breit werdende, jung halbkugelige, bald scheibenförmig werdende, in der Mitte eintiefende *Hut* hat einen abgebogenen bis abstehenden, kurz gerieften *Rand.* Die glatte, etwas schmierige, halb abziehbare *Huthaut* ist grün, um den Rand etwas gelbgrün, oft sehr stark ausgeblaßt.
Die gedrängt stehenden, meist gleichlangen, nicht selten auffällig gegabelten *Lamellen* (darum auch Gabelblättriger Täubling) erreichen den Stiel kaum. Sie sind lange weißlich und werden alt gelblich.
Der 4–6 cm lange, um 2 cm dicke *Stiel* ist rundlich längsgerunzelt, hat eine etwas zusammengezogene konisch verjüngte *Basis*, ist fast weiß und an der *Stielbasis* selten etwas rostfleckig.
Sein *Fleisch* ist in Hut und Stiel weißlich, zuweilen etwas braunfleckig. Er *schmeckt* mild, die Lamellen etwas schärflich. Er ist *eßbar.*

89 Grasgrüner Täubling

Vorkommen: Man findet ihn im Laub- und Nadelwald, besonders bei Birken, wohl nirgends fehlend.
Verwechslungsmöglichkeiten: Hier wird gewöhnlich auf die Verwechslungsmöglichkeit mit dem Grünen Knollenblätterpilz, Nr. 22, hingewiesen. Eigentlich sollte es aber eine Selbstverständlichkeit sein, daß jeder, der Blätterpilze zum Essen sammelt, die Giftpilze, insbesondere die Knollenblätterpilze, kennt. Dann heißt es immer, daß unter der Voraussetzung, daß man weiß, was ein Täubling ist, eine Kostprobe genügt, um die milden eßbaren von den bitteren, scharfschmeckenden und daher ungenießbaren Arten unterscheiden zu können. Ich halte es aber für besser, sich mit der Kenntnis einiger bekannterer, gut schmeckender Täublinge zufriedenzugeben und bei ihnen zur Sicherheit auch die Kostprobe zu machen. Um alle Täublinge kennenzulernen, ist ja ein langes Studium mit allerneuestem Rüstzeug notwendig.

90 Harter Zinnobertäubling

Russula lepida Fr.

Der 4–10 cm große, jung fast halbkugelige, bald polsterförmige, dick scheibenförmige, samtig bereifte *Hut* hat einen jung eingebogenen, alt kurz abgebogenen oder abstehenden, bei Trockenheit tiefspaltend eingerissenen *Rand.* Die mehr oder weniger satte Zinnoberfarbe wird von einem weißen Reif überlagert, in der Hutmitte können gelblichweiße Flecken vorhanden sein. Die trockene *Huthaut* läßt sich nicht abziehen. Die etwas gedrängt stehenden, meist gleichlangen, mit einzelnen kurzen gemischten, dicken, spröden, am Stiel abgerundet angehefteten *Lamellen* sind weiß und werden alt trübgelb. Die glatte, etwas flockige *Lamellenschneide* kann völlig zinnoberrot gesäumt sein.

90 Harter Zinnobertäubling

Der 3–6 cm lange, 1–2,5 (3) cm breite walzenförmige, starre, stämmig wirkende *Stiel* ist weiß, partienweise, seltener ganz wie der Hut gefärbt. Das *Fleisch* des Harten Zinnobertäublings ist im Hut weiß und hart. Im Stiel ist es weißlich, lange hart bleibend, alt etwas schwammig werdend. Der Pilz *riecht* nach Zedernholz, zerrieben wie Bleistiftholz. Er *schmeckt* nicht scharf, beim Kauen leicht bitterlich. Der eigenartige Geruch wird beim Kochen noch stärker.
Vorkommen: Vorwiegend findet man ihn im Buchenwald, seltener bei Nadelbäumen, ortshäufig, an trockenen Stellen.
Bemerkung: Bei längerer Trockenheit findet man zuweilen stark verblaßte, im Hut tiefrissige Fruchtkörper, die schon fast Trockenpilze sind. Ein dem Zinnobertäubling ähnlicher, auch in Laubwäldern vorkommender, sehr bitter schmeckender Täubling ist *Russula amarissima Romagnesi* (bitterer Täubling, nach Hennig).

91 Goldtäubling

Russula aurata With.

Der 4–8 cm breite, oft flach eingewölbte, scheibenförmige *Hut* hat alt einen etwas gerieften Rand und eine dünne bis zur Hälfte abziehbare *Huthaut.* Er ist feurig orange. Starke gelbe Flecken finden sich nicht selten.
Die alt sattgelben *Lamellen* sind sehr auffallend. Der 3–5 (8) cm lange, etwa 2 cm breite, jung volle, alt kammerig hohle, zylindrische, glatte *Stiel* ist erst weiß, alt satt goldgelb gefärbt.
Das *Fleisch* des Goldtäublings ist in Hut und Stiel weißlich, unter der Huthaut gelb durchgefärbt. Im *Geruch* ist er kaum ausgeprägt. Im *Geschmack* mild. Er ist *eßbar.*
Vorkommen: Man findet ihn in Laub- und Nadelwäldern auf besseren, kalkhaltigen Böden. In manchen Gebieten fast fehlend.
Bemerkung: Eine der schönsten Täublingsarten, die unverkennbar ist. Bei seltenem, oder nur vereinzeltem Vorkommen im Sammelgebiet zu schonen.

92 Stachelbeertäubling !

Russula queletii Fr.

Der 5–8 (10) cm breite, jung halbkugelige, bald flachgewölbte, polsterförmige, scheibenförmig werdende *Hut* hat einen abstehenden, seltener etwas hochgezogenen, alt grobgerieften Rand. Die Hüte sind violettrot

oder weinrötlich gefärbt; diese Farben verblassen oft sehr stark, so daß sie wie verwässert aussehen, oft mit zart olivgrünlichen Flecken. Die feuchtklebrige, trocken glänzende *Huthaut* läßt sich bis über die Mitte hin abziehen.
Die in normalem Abstand stehenden, vorwiegend gleichlangen, oft gegabelten, am Stiel wenig angewachsenen *Lamellen* sind jung weiß, werden alt etwas wachsfarben und bei Druck etwas wässerig grünlich. Bei ausgewachsenen Fruchtkörpern, die stark durchwässert sind, scheinen die Lamellen eigenartig grau mit leichtem beigem Grünton. An der Lamellenschneide kann man kleine Tröpfchen beobachten, die als Tränen bezeichnet werden und oft sehr typisch für einzelne Pilzarten sind.
Der bis 7 cm lange, etwa 1,5 cm breite, jung volle, alt schwammig hohle zylindrische *Stiel* ist wie der Hut gefärbt, oft sogar auffällig dunkler, auch er schimmert stark durchwässert graugrünlich.
Das *Fleisch* ist in Hut und Stiel weißlich, durchfeuchtet grauoliv scheinend, wenig fest, bald schwammig, porös werdend.
Er *riecht*, besonders bei Feuchtigkeit, nach Stachelbeerkompott. Im *Geschmack* ist er scharf brennend. Der Stachelbeertäubling ist ungenießbar, *leicht giftig.*
Vorkommen: Man findet ihn vom Sommer bis zum Herbst in Nadelwäldern auf sauren Böden, oft entlang der Waldwege im Gras stehend und an Weggräben.

93 Zitronenblättriger Täubling !

Russula sardonia Fr. em. Rom.

Der bis 10 cm breite, jung halbkugelige, alt geschweift gewölbte, oft gebuckelte, zuweilen stark verbogene *Hut* hat jung einen eingebogenen, alt abgebogenen oder abstehenden, kurz und grob punktiert-gerieften Rand. Die Hüte sind purpurrot oder so geflammt, gelbliche oder grünliche Flecken sind nicht selten. Die mattglänzende, meist glanzlose *Huthaut* ist kaum abziehbar.
Die in normalem Abstand stehenden, oft gegabelten, etwas bogig angewachsenen spröden, splitternden *Lamellen* sind jung gelblich weiß, sie werden bald sehr auffällig zitronengelb und tränen stark.
Der bis 8 cm lange, etwa 2 cm dicke, zylindrische, starr wirkende *Stiel* ist violett gefärbt, an der abgerundeten *Basis* gelblich.
Das *Fleisch* des Pilzes ist in Hut und Stiel weißlich, blaß gelblich, hart, fest, aber sehr spröde, ruckartig abbrechend. Er *riecht* sehr schwach obstartig und *schmeckt* brennend und scharf. Er ist ungenießbar und leicht giftig!

91 Goldtäubling

92 Stachelbeertäubling

93 Zitronenblättriger Täubling

94 Pfifferling

Vorkommen: Man findet ihn im Herbst in Nadelwäldern, besonders in sandigen Kiefernwäldern oft massenhaft.
Bemerkung: Durch seine zitronengelben tränenden Blätter fällt er auf. Er ist verwandt mit dem Stachelbeertäubling, Nr. 92.

94 Pfifferling

Cantharellus cibarius Fr.

EIERSCHWAMM, RECHERL, REHLING

Der kleine, manchmal aber ganz ansehnliche Pilz hat ziemlich trichterförmige Gestalt. Der *Hut* ist 2–8 cm breit, anfangs gewölbt, mit eingerolltem Rande, dann abgeflacht, niedergedrückt bis trichter- oder kreiselförmig, oft wellig verbogen und kahl. Die *Oberhaut* ist nicht abziehbar. Zwerg- und Riesenformen, die bisweilen vorkommen, sind bloße Standortserscheinungen. Der *Stiel* ist hellgelb bis dottergelb, manchmal ausgeblaßt, allmählich nach unten verjüngt, 2–6 cm hoch und dickfleischig. Die *Leisten* sind entfernt, niedrig, dicklich, stumpfrandig, gegabelt und queraderig verbunden und laufen weit am Stiele herab. Der ganze Pilz ist ziemlich eidottergelb (Name!), bisweilen aber auch blasser. Das *Fleisch* ist gelblichweiß, gelb gerandet, *duftet* würzig, aprikosenähnlich und *schmeckt* mild, mit pfefferigbitterlichem Beigeschmack (Name!).
Der Pfifferling ist wohl der allerbekannteste Pilz; er findet sich überall in Laub-und Nadelwäldern, besonders in Fichtenschonungen, von (Mai) Juni bis Oktober, ziemlich häufig und ortsweise sogar massenhaft. Als geschätzter *Speisepilz* von großer Haltbarkeit ist er ein bevorzugter Marktpilz, fast nie madig, vielseitig verwendbar und nur zum *Trocknen* nicht geeignet, weil er dadurch bitter und derart zäh wird, daß er nicht wieder weich zu bekommen ist. Er kann dann nur noch zu Pilzpulver vermahlen werden.
In weitem Umkreis um die Großstädte ist er leider schon dem Aussterben nahe, weshalb er bald nur mehr in entlegenen Gegenden zu finden sein wird. Denn es gibt leider verantwortungslose Pilzräuber, die um einiger Pfifferlinge willen den Moosrasen meterweit aufreißen und damit dem Waldboden tausendmal mehr Schaden zufügen, als der Wert der mit solchem Raubbau gewonnenen Pilze ausmacht. Bei der Zubereitung sollte man ihn immer stark zerkleinern. Denn wenn er nicht gut gekaut wird, ist er fast unverdaulich und geht ganz unverändert durch Magen und Darm hindurch. Viele Leute vertragen ihn gar nicht.
Dem Pfifferling sehr ähnlich ist der Falsche Pfifferling, *Hygrophoropsis aurantiaca (Wulf. ex Fr.) R. Mre.* Seine *Lamellen* sind gegabelt, aber

nicht queraderig verbunden. Manchmal ist er seitlich gestielt. Im ganzen ist er mehr orange- als dottergelb, seine *Huthaut* samtig, sein *Fleisch* viel dünner. Er ist eßbar, aber nicht sehr schmackhaft.

95 Gelbe Kraterelle

Cantharellus lutescens (Pers.) Fr.

Der 3–5 cm breite, dünnfleischige, wellig verbogene, flattrige, tieftrichterförmige *Hut* geht am Trichtergrund in den hohlen Stiel über. Die Hüte sind braunschwarz gefärbt, scheinen orange durch und haben eine zart kleinschuppige Oberfläche. Die wenig hohen, aderig runzeligen *Leisten* sind lachsfarben oder orangegelb.
Der 4–7 cm lange, etwa 1 cm breite, röhrighohle, oft breitgedrückte, zur *Basis* hin verjüngte, nicht selten etwas längsgefaltete *Stiel* ist lachsfarben oder orange gefärbt.
Sein *Fleisch* ist zart gelblich, dünn. Er *riecht* stark obstartig, nach Mirabellen und *schmeckt* mild. Er ist *eßbar.*
Vorkommen: Man findet ihn in Bergnadelwäldern, wo er oft sehr gesellig wächst. Er ist weit verbreitet, aber im Flachland fehlt er oft ganz.
Bemerkung: In den Fichtenforsten der Ebenen, aber auch im Gebirge begegnet man im Herbst, wo er bis zu den ersten stärkeren Frösten ausdauert, oft in Massen, dem Trompeten-Pfifferling, *Cantharellus tubaeformis Fr.,* auch Durchbohrter Leistling genannt. Der Trompeten-Pfifferling hat einen graubraunen *Hut,* gelbgraue *Leisten* und einen gelbgrauen *Stiel.* In der Form gleicht er der Gelben Kraterelle. Der etwas scharf, minimal pfefferig schmeckende Trompeten-Pfifferling ist eßbar, man sollte ihn vor dem Braten kurz abbrühen.

96 Herbst-Trompete

Craterellus cornucopioides L.

FÜLLHORN, TOTEN-TROMPETE

Der *Fruchtkörper* ist mittelgroß, bis 15 cm hoch und 3–7 cm breit, trompeten- oder füllhornähnlich, fast häutig, hat einen umgeschlagenen, oft gewellten oder gekrausten *Rand,* keinen abgesetzten *Stiel* und ist bis zum Grunde röhrig-hohl. Die *Außenseite* mit der Fruchtschicht ist glatt, dann zart runzelig bis verzweigt faltig, düster aschgrau bis blauviolett, bei Nässe noch dunkler, fast schwarz und zuletzt durch die Sporen weiß bereift. Die innere Wandung ist feinschuppig rauchbraun-

95 Gelbe Kraterelle

96 Herbst-Trompete

97 Schweinsohr

98 Habichtspilz

grau bis schwarz, bei Trockenheit braungrau. Das *Fleisch* ist dünn, im Alter zäh und fast holzig, *riecht* schwach und *schmeckt* roh nicht angenehm, erdig.
Die Herbst-Trompete findet man von (Juli) August bis Spätherbst (November) gesellig, oft büschelig bis rasig in großen Gruppen und Reihen in Buchen- und Eichenwäldern, auf feuchtem Grunde, ortsweise häufig, immer standortstreu und manchmal so massenhaft, daß man sie mähen könnte.
Sie ist ein guter *Mischpilz*, vornehmlich aber ein ausgezeichneter Würzpilz, daher am besten als Pilzpulver in Suppen und Soßen. Stark zerkleinert und wie Wiener Bäuscherl zubereitet, ist sie besonders zu empfehlen.
Den für einen Speisepilz sehr eigenartigen Namen Toten-Trompete verdankt sie ihrem düsteren Aussehen.
Der Herbst-Trompete sehr ähnlich ist der Aschengraue Leistling, *Cantharellus cinereus Fr. ex Pers.*, auch Schwarzer Pfifferling genannt. Er hat einen engröhrigen *Stiel*, auf der Außenseite entfernt stehende, blaugraue, gegabelte, queraderig verbundene *Leisten* und wächst büschelig, meistens gesellig in Laubwäldern. Er ist selten, gebietsweise häufiger. Auch er ist eßbar.

97 Schweinsohr

Nevrophyllum clavatum (Pers. ex Fr.) Pat.

KEULEN-PFIFFERLING

Der mittelgroße *Fruchtkörper* ist abgestutzt keulig, hütig gerandet oder unregelmäßig kreiselförmig bis trichterförmig, dickfleischig, auch einseitig ohrförmig und *kurzstielig* ausgezogen, bis 10 cm hoch und 6 cm breit.
Der *Hut* ist violettpurpurn, bald aber grünlichgelb. Die Außenseite mit der Fruchtschicht hat weit herablaufende, entfernte, gabelig geteilte, aderig-runzelige *Leisten*, die durch *Querleisten* netzartig verbunden sind, und ist fleischviolett bis graubräunlich.
Das *Fleisch* ist weiß, dicht und weich, hat angenehmen *Geruch* und milden *Geschmack*.
Der Pilz wächst büschelig bis rasig, reihen- und kreisförmig in Laub- und Nadelwäldern vom August bis Oktober, stellenweise sehr häufig, in Oberbayern besonders im Seengebiet, in Niederbayern im Bayerischen Wald, nicht selten auch im Alpenvorland. Er ist ein immer appetitlicher, ergiebiger, sehr schmackhafter *Speisepilz* und kaum zu verwechseln.

98 Habichtspilz

Sarcodon imbricatum (L. ex Fr.) Karst.

HIRSCHSCHWAMM, HIRSCHLING, REHFELLCHEN

Der *Hut* des mittelgroßen bis großen Pilzes ist 5–20 (25) cm breit, anfangs etwas eingerollt, in der Mitte eingedrückt bis vertieft und geschweift, schokoladebraun mit dunkleren großen, sparrigen, kreisförmig dachziegelig gestellten Schuppen ähnlich einem Habichtsgefieder besetzt. Die *Stacheln* oder *Stoppeln* sind ziemlich lang, 8–12 mm, dichtstehend und am Stiele herablaufend, weißlichgrau bis graubraun, im Alter schwarzbraun und sehr brüchig. Der *Stiel* ist etwa daumendick, 3–6 cm, weißgrau bis blaßbräunlich, voll, glatt, nur am Grund oft schwach weißfilzig. Das *Fleisch* ist fest und derb, schmutzigweißlich bis graubräunlich, hat einen angenehmen würzigen *Geruch* und milden, wenn auch kräftigen *Geschmack*. Im Alter ist es oft bitterlich.

Der Pilz wächst überall im Nadelwald, besonders in trockenen, sandigen Kiefernwäldern, truppweise bis rasig oder in Hexenringen, auch unter Heidekraut oder Heidelbeeren, von (Juli) August bis November, in gebirgigen Gegenden häufiger, oft massenhaft, in anderen Gegenden selten. Jung ist er ein guter *Speisepilz* von kräftigem Wohlgeschmack, hauptsächlich aber ein vorzüglicher Würzpilz. Bei Nässe sowie im Alter ist er oft zäh, bitter und madig. Er eignet sich gut zum Sterilisieren und zum Trocknen, besonders aber zur Herstellung eines ausgezeichneten Pilzpulvers, von dem eine Prise hinreicht, um Suppen und Soßen einen angenehmen Geschmack zu geben.

Verwechseln kann man ihn mit seinem äußerst bitteren Doppelgänger, dem Galligen Stacheling, *Sarcodon scabrosus (Fr.) Karst.*

99 Semmel-Stoppelpilz

Hydnum repandum L. ex F.

Der Pilz ist klein bis mittelgroß. Sein *Hut* ist vielgestaltig, 5–12 (20) cm breit, recht fleischig, unregelmäßig wellig verbogen, dann flachgewölbt, weißgelblich-semmelfarbig bis dottergelblich oder auch ziegelgelblich bis blaßrötlich. Die *Huthaut* ist trocken und oft felderig zerrissen. Die *Stacheln* sind ziemlich dichtstehend, pfriemenförmig, ungleich lang, am Stiel herablaufend, blaßgelblich bis fleischfarbig und sehr zerbrechlich. Der *Stiel* ist kurz, nur bis 6 cm, oft ungleich seitlich (exzentrisch), dick und weißlich. Das *Fleisch* ist derb, brüchig, weißlich bis semmelgelb, läuft langsam rostig an, *riecht* angenehm und *schmeckt* mild, manchmal, besonders im Alter, etwas bitter und schärflich.

99 Semmel-Stoppelpilz

100 Goldgelbe Koralle

101 Blasse Koralle

102 Hahnenkamm

Der Pilz wächst in Laub- und Nadelwäldern, häufig trupp- oder herdenweise, fast rasig, auch in Halbkreisen und Hexenringen, von Juli bis November. Er ist jung ein wohlschmeckender *Speisepilz*, selten madig und sehr ergiebig. Eine leichte Bitterkeit verschwindet beim Kochen. Von oben sieht er oft täuschend einem Pfifferling ähnlich. Getrocknet sind die Semmel-Stoppelpilze ganz unverdaulich und können dann nur noch als Pilzpulver Verwendung finden.

100 Goldgelbe Koralle !

Clavaria (Ramaria) aurea Schff. ex Fr.

GEISSBART, ZIEGENBART

Der mittelgroße *Fruchtkörper* ist im ganzen rundlich, blumenkohlähnlich, 6–12 (16) cm hoch und fast so breit. Er entsteht aus einem blassen, bald weißgelblichen, elastischen *Strunk* von 3–4 cm Dicke, der sich schon von Grund auf in zahlreiche, gabelige und wiederholt dicht verästelte, orangegelbe, derbe, gerade aufwärts gerichtete, steife *Zweige* verteilt und in stumpfe, krause, zweiteilige oder gezähnelte Zweigspitzen endigt.
Das weißliche, wässerige *Fleisch* ist zerbrechlich, marmoriert, riecht angenehm säuerlich und *schmeckt* mild.
Der Ziegenbart wächst im Laub- und Nadelwald, vom Sommer bis zum Herbst, nicht selten, einzeln und gesellig, auch in Reihen und Kreisen. Er ist nur *jung eßbar* und wohlschmeckend. *Ältere Stücke* sind sehr faserig, zäh, ganz alte sind jedoch gesundheitsschädlich und besser zum Aussporen am Platze zu lassen. Stücke, die nicht deutlich zitronen- oder orangegelb sind, sowie alte und wässerige Exemplare lasse man ebenfalls stehen.

101 Blasse Koralle giftig

Clavaria (Ramaria) pallida Schff.

BLEICHER ZIEGENBART, BAUCHWEHKORALLE

Der mittelgroße *Fruchtkörper* wird 7–10 (12) cm hoch. Aus einem ziemlich dicken und kurzen *Strunk* von blaßgelblichgrauer, am Stielgrunde weißlicher Farbe verzweigen sich reichlich fahlgelbliche, schmutzigbraungelbliche, fleischfarbige bis milchkaffeefarbige Äste, mit in der Jugend meistens lilaviolettlichen *Zweig-Enden.* Das *Fleisch* ist weiß, fest und trocken. Sein *Geruch* ist säuerlich und schwach *seifig*,

der *Geschmack* des rohen Pilzes bitterlich, auch gekocht noch widerlich säuerlich und bitter.
Der Pilz wächst meistens in Buchenwäldern, auf Kalkboden, aber auch im Nadelwald, häufig und truppweise, von August bis Anfang Oktober. Obgleich nicht tödlich *giftig*, muß er doch als gefährlicher Giftpilz gelten, weil er heftige, kolikartige Darmstörungen mit Leibschmerzen, Erbrechen und Durchfall verursacht (Name!). Sehr ähnlich nach Aussehen und Wert ist der Dreifarbige Ziegenbart, *Clavaria (Ramaria) formosa*, auch Bitterkoralle genannt. Er ist bis 20 cm hoch und hat einen weißlichen Strunk mit rosarötlicher Mitte, gelbrötlichen Zweigen und gelben Zweigspitzen. Sein *Fleisch* ist weiß, riecht und *schmeckt* herb und widerlich und ist *giftig*. Die dreierlei Farbtöne kennzeichnen ihn ausreichend, und eine Kostprobe genügt vollends. Der Anfänger meide grundsätzlich alle graugelben und rotbräunlichen, bitteren oder säuerlichen Arten und am besten *alle* Korallenpilze.

102 Hahnenkamm

Clavaria (Ramaria) botrytis Fr. ex Pers.

Jung sitzen an und auf dem 3–5 cm hohen und ebenso dicken weißen *Strunk* mehrere kurze, dicke *Äste*, die an ihren Enden reichlich, rosettenartig angeordnet, kleine, rötlich gefärbte *Ausziehungen* haben.
Ausgewachsen, bis 15 cm hoch, ist der *Strunk* mehrfach langästig geteilt. Die *Äste* selbst sind wieder mehrfach gabelig geteilt, ockergelb gefärbt und an den Enden rötlich hahnenkammförmig ausgezogen.
Das *Fleisch* ist weiß und brüchig. Es *schmeckt* mild. Der Pilz ist *eßbar* und auch zur Pilzpulverbereitung geeignet. Bei alten durchwässerten Exemplaren ist Vorsicht geboten. Sie können Verdauungsstörungen hervorrufen.
Der Hahnenkamm kommt in Laub- und Nadelwäldern besonders unter Buchen vor. Er wächst nur auf besseren Böden, mit Vorliebe in höheren Lagen.

103 Krause Glucke

Sparassis crispa Wulf.

FETTE HENNE

Der große, stattliche *Fruchtkörper* ist rundlich, hat die Gestalt eines Badeschwammes oder einer brütenden Gluckhenne, von Faust- bis Kopfgröße, 15–30 cm. Riesenexemplare bis zu 5 kg sind nicht allzu

103 Krause Glucke

104 Klebriger Hörnling

105 Kartoffelbovist

selten. Ein dickfleischiger, tief in der Erde steckender *Strunk* verzweigt und verästelt sich gekröseähnlich weiter mit breiten, blattartig flachen, am Rande wellig verbogenen, gesägten, abgestutzten, wirr verschlungenen weißlichen und blaßgelblichen, im Alter dunkler bräunlichen *Zweig-Enden.*

Das *Fleisch* ist weiß, in der Jugend mit würzigem, angenehmem, morchelähnlichem Geruch und mildem, nußartigem *Geschmack.* Der Pilz ist jung sowohl frisch als auch getrocknet sehr wohlschmeckend und ein beliebter Speisepilz. Ein Wiener Schnitzel daraus ist sehr schmackhaft. Gut gebraten mit Ei schmeckt er ebenfalls vorzüglich. Er muß allerdings mehrfach gewaschen werden, um Verunreinigungen, Sand und Insekten zu beseitigen. Alte Stücke werden zähe, bitter und ungenießbar. Durchwässerte und gebräunte Stellen müssen ausgeschnitten werden. Sie sind gesundheitsschädlich und können starke Verdauungsstörungen verursachen.

Man findet den Pilz in Kiefernwäldern am Grunde lebender Stämme (Überhälter!) sowie an Stümpfen von Juli bis Oktober (November) nicht häufig, aber standortstreu. Sehr ähnlich ist die gleichgroße Eichenglucke, *Sparassis laminosa,* mit sehr breiten, bandförmigen und blattartigen, aber ganzrandigen, glatten und nach oben zeigenden Zweigenden. Sie wächst zur selben Zeit, aber sehr selten am Grunde von Laubbäumen, vor allem von Eichen, ist ebenfalls *eßbar* und wohlschmeckend wie die Krause Glucke.

104 Klebriger Hörnling

Calocera viscosa Pers. ex Fr.

Bei jedem Pilzgang, von Juni bis November, begegnet uns an vermorschten Nadelholzstöcken oder an faulendem Holz der Klebrige Hörnling.

Die bis 7 cm langen, korallenförmigen, rundlichen oder flachen, am *Grund* oft zu mehreren verwachsenen, oben ein- oder mehrspitzig ausgezogenen gelblichen oder orangefarbigen *Fruchtkörper* haben eine glatte, klebrige, schlüpfrige *Oberfläche* und reichen oft, wurzelartig verlängert, sehr tief ins mulmige Holz. Sein gelbliches Fleisch läßt sich fast faserartig aufspalten.

Der Klebrige Hörnling ist *eßbar*; wegen seiner Zäheit kommt ihm aber nur mindeste Qualität zu.

Bemerkung: Der Klebrige Hörnling gehört zu den Gallert-Pilzen und ist mit den Korallenpilzen, die auch Ziegenbärte genannt werden, nicht verwandt.

105 Kartoffelbovist

Scleroderma vulgare (Horn) Fr. **!**
(= aurantium Vaill. ex Pers.)

Der mittelgroße, kartoffelähnliche *Fruchtkörper* ist fest, sehr hart, kugelig-knollig, 3–8 cm hoch und 12 cm breit, also etwas breitgedrückt, breitkugelig oder queroval, fast stiellos und sitzt am Grund wurzelartig auf weißlichen, büscheligen *Myzelfasern.* Seine *Oberflächenhaut (Peridie)* ist 1,5–3 mm dick, fleischig bis lederartig zäh oder korkig, trocken und hart, später vom *Scheitel* aus warzig-felderig aufgerissen oder schuppig, bisweilen aber auch fast glatt, weißgelblich bis ockerlich oder bräunlich, an den Warzen dunkler. Bei der *Reife* platzt sie unregelmäßig auf. Das Innere, die *Fruchtmasse (Gleba),* ist erst fleischig, grünlich- bis gelblichweiß, im Durchschnitt rötlichweiß, bald aber graubläulich bis violettschwarz und im Reifezustand schließlich rußschwarz, im Alter olivgrau. Durch weißliche, faserige, sterile *Adern* erscheint es marmoriert. Bei der Reife zerfällt es zu schwarzbraunem Sporenstaub. Der *Geruch* ist scharf aromatisch, rettichähnlich, aber schließlich stechend, widerlich und fast betäubend, der *Geschmack* scharf.

Der Kartoffelbovist wächst gesellig in Nadel- und Laubwäldern, besonders in Kiefernwäldern, auf Heiden, Mooren, Äckern, Waldwiesen, an Waldrändern und Waldwegen von Juli bis November, häufig, ortsweise massenhaft und ziemlich standortstreu. Roh genossen und namentlich im Alter ist er *giftig.* Bisweilen wird er mit Trüffeln verwechselt, ist aber auch vielfach schon zur Verfälschung der unterirdisch wachsenden echten Trüffeln und besonders für sogenannte Trüffelwurst mißbraucht worden.

106 Flaschenstäubling

Lycoperdon gemmatum Batsch

Die *Fruchtkörper* sind von sehr verschiedener Größe, flaschenförmig oder birnenähnlich, im oberen Teile kugelförmig, unten walzig-stielförmig, 3–8 (10) cm hoch und 3–5 cm breit, und sitzen am Stielgrunde faltig auf faserigen Myzelsträngen. Die anfangs weiße, dann gelbliche, doppelhäutige *Außenhülle (Peridie)* ist im kugeligen *Oberteil* dicht mit zerbrechlichen, leicht abfallenden und abwischbaren *Stacheln* und kegelförmigen *Warzen* bedeckt. Mit der Reife wird sie bräunlich, papierdünn, kahl und springt am Scheitel mit kleiner, rundlicher *Öffnung* auf. Jetzt kann sie bei der geringsten Berührung den olivbraunen

106 Flaschenstäubling

107 Schwärzlicher Bovist

108 Stinkmorchel

Sporenstaub als kräftige Wolke entlassen. Das *Fleisch*, also die sporenbildende *Innenmasse (Gleba)*, ist in der Jugend im Durchschnitt markig weiß, wird dann gelblich bis olivbräunlich, bei der Reife trocken, staubig und im Alter graubraun. Der *Geruch* ist streng, etwas rettichähnlich und vergeht beim Kochen. Der *Geschmack* ist mild.
Der Flaschenstäubling wächst gesellig, meist truppweise in lichten Wäldern, auf Wiesen und Heiden von Juni bis November und ist wohl der häufigste unserer Weichboviste. Jung, solange also das Fleisch reinweiß ist, ist er ein recht guter *Speisepilz* und schmeckt, besonders gebraten, vorzüglich. Alle Boviste müssen sofort verwendet werden, weil sie sonst nachreifen und dann unbrauchbar sind. Bei der Zubereitung sollen sie geschält, das heißt von der groben Außenhülle befreit, aber nicht gewaschen werden. Dann, in Scheiben geschnitten, in Ei und Semmelbröseln gewälzt, sind sie weich wie Hirn und schmecken ausgezeichnet. *Verwechseln* kann man die weißen Boviste höchstens untereinander.

107 Schwärzlicher Bovist

Bovista nigrescens Pers.

Der kleine *Fruchtkörper* ist ungestielt kugelig, nußförmig und bis hühnereigroß, meistens breiter als hoch, also queroval, weiß und glatt und wurzelt mit derben Myzelfasern. Die *Außenhülle (Peridie)* ist weiß und zweischichtig. Die *Außenhaut* löst sich bei der Reife schuppig oder bröckelig ab. Die papierdünne, zähe und dauerhafte *Innenhaut* ist zuerst weiß bis glänzend gelbgraubraun, wird dann dunkelbraun bis schwarz und platzt am *Scheitel* mit schmaler, unregelmäßig gezackter *Mündung (Peristom)*, so daß sie bei der geringsten Berührung ihre Sporen durch die Öffnung verstäuben kann. Das *Fleisch*, ihre Innenmasse oder *Gleba*, ist anfangs markig und weiß, wird dann weich, hellgelb und gelbbraun bis olivbraun, bei der Reife purpur- bis schwarzbraun, zuletzt trocken und staubig. Der Pilz *riecht* obstig und ist roh fast *geschmacklos*. In der Jugend, solange also das Fleisch noch weiß ist, ist er eßbar und, geschält und gebacken, ein wohlschmeckender Speisepilz.
Der Pilz wächst gerne gesellig auf Wiesen, Weideplätzen und Heiden, von Juni bis November. Die entwurzelten Fruchtkörper treibt der Herbstwind als leichte Spielbällchen oft weit über die Felder.
Ihm sehr ähnlich, aber noch kleiner ist der Zwergbovist, *Bovista plumbea Pers.*, dessen Innenhülle bei der Reife bleigrau wird. Er wächst an den gleichen Plätzen und ist ebenfalls eßbar. Selten ist an denselben Standorten ein riesenhafter Verwandter der beiden Vorgenannten, der Riesenbovist, *Calvatia maxima (Schff.) Morg.* Seine Fruchtkörper kön-

nen gelegentlich einen halben Meter Durchmesser erreichen; die Buben spielen dann mit ihm Fußball. Auch er ist jung eßbar und, gut geschält und als Schnitzel ausgebacken, ein Leckerbissen.

108 Stinkmorchel !

Phallus impudicus (L.) Pers.

Wegen ihrer *Gestalt* kann man die Gicht- oder Stinkmorchel gar wohl für eine Morchel halten, genau wie das Volk, das ihr diese Namen gegeben hat. Alle Morcheln, Lorcheln und Becherlinge sind aber Askomyzeten, das heißt *Schlauchpilze.* Der *Fruchtkörper* dieses in erwachsenem Zustande morchelähnlich aussehenden Basidienpilzes wird in seiner frühen Jugendform unterirdisch angelegt und bricht mit einer kugelig-eiförmigen doppelwandigen *Gesamthülle* (Primäre Peridie oder Volva) mit gallertiger Mittelschicht aus dem Waldboden. Er ist dann hühnereigroß, weich-elastisch und sitzt auf etwas Derbem, Wurzelähnlichem, das sich als *Myzelstrang* ausweist. Ein Längsdurchschnitt durch eine solche Pilzknospe zeigt eine überraschend hübsche farbige Zeichnung: Eine derbhäutige, weiße bis ledergelbliche Außenhaut *(Peridie)*, darunter eine olivbraune durchsichtige *Gallertschicht* und eine zartere, schneeweiße Innenschicht *(Receptaculum)*, an deren Unterseite die olivgrüne Fruchtmasse *(Gleba)* einem weißen, grubigen Gewebe aufliegt. In der Mitte des Ganzen ist der weiße, hohle *Stiel*, der die Längsachse einnimmt. Zur Reifezeit streckt sich der Stiel sehr schnell in die Länge, sprengt unter dem Drucke von Atmungsgasen die *Hülle*, und empor drängt der »*Hut*«, dessen Außenhülle verschleimt und die Fruchtmasse freigibt. Der *Stiel* ist reinweiß, elastisch, nach oben verjüngt, zart gekammert, innen hohl und trägt ein fein modelliertes, gut fingerhutgroßes *Glockenhütchen*, das fast frei auf der Stielspitze hängt und von einer glänzend olivgrünen gallertigen Masse bedeckt ist, die bei völliger Reife langsam als flüssiger *Schleim* herabtropft. Diese sporenhaltige Masse verbreitet weithin einen durchdringenden *Leichengestank* und lockt damit zahlreiche Aasinsekten, Fliegen und Käfer herbei, die jetzt heranschwärmen, um sich daran zu sättigen. Die frühere Eihülle (Peridie, Volva) bleibt als lappige *Scheide* am Stielgrunde zurück. Bald ist die Schleimmasse abgeflossen oder abgeweidet, und nun zeigt sich schneeweiß, zierlich und fast geruchlos das morchelähnliche, grubige »*Hütchen*«, das in Wahrheit eine Manschette wie die der *Wulstlinge (Amanita-Arten)* ist, während der olivgrüne Schleim die Fruchtmasse bildet. Der spannkräftige *Stiel* wird jetzt schlapp und weich und neigt sich zur Erde, worauf er langsam verwest.

109 Tintenfischpilz

Die Stinkmorchel wächst überall von Juni bis November gesellig in Laub- und Nadelwäldern, Parkanlagen und Gebüschen, und wohl auch auf Friedhöfen. In reifem Zustand ist sie *unappetitlich und ungenießbar*. Früher galt sie als giftig. In der Hexeneiform schmeckt sie schwach rettichähnlich, ist durchaus nicht unappetitlich, gilt da und dort sogar als Leckerbissen, wird andernorts in Delikateßläden als »Morcheltrüffel« verkauft oder als Pilzsülze eingelegt und wurde schon von Tausen-

111 Kronenbecherling

110 Vierteiliger Erdstern

112 Orangeroter Becherling

den ahnungslos als Trüffelersatz in der Trüffelwurst genossen. Eine Verwechslung ist kaum möglich. Seltener ist eine andere Phallus-Art, *Mutinus caninus (Huds.) Fr.*, die Hundsrute, deren »Pilzstiel« (das Receptaculum) zinnoberrot unter der olivgrünen Gleba hervorleuchtet und am Grunde von einer ockerbräunlichen Volva umhüllt ist. Der »Duft« ihrer Sporenmassen erinnert an Katzendreck. Am interessantesten aber ist ein Einwanderer aus dem brasilianischen Urwald, *Dictyophora duplicata (Bosc.) Ed. Fischer.* Aus einem höchstens walnußgroßen, weißen Hexenei entwickelt sich innerhalb zwei Stunden die wunderliche Schleierdame, mit olivgrünem reizendem Glockenhütchen und einem netzartigen, weißschimmernden Schleier (Indusium) zwischen Hut und Receptaculum, der sich gleich einem Reifrock ausbreitet, sowie mit weißlichem Stiel und weißgelblicher Volva, eine phantastische »Pilzblume«.

109 Tintenfischpilz !

Anthurus archeri (Berk.) Ed. Fischer

Die zuerst kleinen *Hexeneier* (viel kleiner als die der Stinkmorchel, Nr. 108) sind weißgrau gefärbt. Beim Auswachsen wird die häutige *Außenhülle* des Hexeneies durchstoßen und 4–6 rötliche gebündelte, an der Spitze verbundenen Arme kommen zum Vorschein. Sehr schnell beginnen sich die nun mehr zungenförmigen, den Fangarmen eines Tintenfisches sehr ähnlichen *Arme* sternförmig umzulegen und sehen aus, wie wenn sie am Boden hinkriechen wollten. Die *Zungen* sind oben rotgefärbt und von der schleimigen gelbgrünen *Sporenmasse* (Gleba) fleckig bedeckt, die *Unterseite* ist rosa weißlich. Die Zungen und der dicke *Strunk*, auf dem sie sitzen, bestehen aus einem dichten kleinnetzigen Gewebe, das sich beim Strecken in den Maschen erweitert.
Der Tintenfischpilz *riecht* aasartig, und zwar stärker als die Stinkmorchel, Nr. 108. Er ist *ungenießbar.*
Vorkommen: Von Juli bis Oktober findet man ihn in grasigen Laubwäldern, auch auf Wiesen (bei Pfronten) oft zu Hunderten. Im oberen Rheintal, im Schwarzwald, bei Ulm, in Oberbayern, in Franken bis nach Österreich verbreitet er sich sternartig in einer breiten Zone immer weiter.
Bemerkung: Der Tintenfischpilz wurde im Ersten Weltkrieg aus Australien eingeschleppt. Ein sehr schöner und auffälliger, auch einem Hexenei entspringender Pilz ist der Scharlachrote Gitterling, *Clathrus ruber (Micheli) Pers.*, der in Deutschland immer wieder sporadisch auftritt, öfters wird er im Mittelmeerbecken gefunden.

Wenn man die Hexeneier einer Stinkmorchel oder eines Tintenfischpilzes zu Hause auf einen feuchten Lappen legt, entfaltet sich die ganze Schönheit, aber auch der aasartige Geruch.

110 Vierteiliger Erdstern

Geastrum quadrifidum Pers.
(Geastrum coronatum [Schff.] Schroet.)

Unverhofft steht man eines Tages vor einer ganzen Kolonie Vierteiliger Erdsterne. Wer würde nun vorübergehen, ohne sich diese Erdsterne genau zu betrachten und den Wunsch zu haben, einige dieser eigenartigen Gebilde als Fundbeweis mit nach Hause zu nehmen.
Auf 4, seltener 5 oder 6, sternförmig auf dem Boden ausgebreiteten mehr oder weniger hochgewölbten *Lappen* (die äußere Hülle = Peridie) sitzt die etwa 1 cm große, länglichovale Innenperidie (= *Fruchtkapsel*). Die Lappen schlagen bei Trockenheit zurück, bleiben am spitzen Lappenende mit einem Teil der Außenperidie verwachsen und beginnen sich hochzustellen.
Nun sind die 4 an einem dünnen Hautteppich angewachsenen ockerbräunlichen, alt weißen Lappen zu kleinen gewölbten, fast dreieckigen Beinen geworden, die oben kuppelartig verbunden sind und auf einem kurzen Stielchen die graubläuliche Innenperidie (Fruchtkapsel) tragen, die am Scheitel eine kurze kegelförmige, röhrige Mündung, zum Ausstoßen der Sporen, hat.
Vorkommen: Man findet den Vierteiligen Erdstern in Nadelwäldern. Nicht selten sind es Nester mit 20–30 und mehr Fruchtkörpern. Er ist auf der nördlichen Erdhalbkugel verbreitet.
Bemerkung: Im Frühling findet man oft überwinterte, vierteilige Erdsterne, deren Innenperidie (Fruchtkapsel) faltig eingefallen ist.
Es gibt etwa 20 Erdsternarten in Europa, von denen ein Teil nur sehr selten an speziellen Standorten gefunden wird. Die durch ihre eigenartige Form auffallenden, geheimnisumwitterten Erdsterne verdienen größte Schonung.

111 Kronenbecherling giftig

Sarcosphaera eximia (Dur. et Lév.) R. Mre.

Der 10–15 (20) cm breite, 4–6 cm hohe, sternförmig einreißende, halbkugelige, innen erst blaß-, bald schönviolette, *außen* zartgraue bis gelblich gefärbte *Großbecherling* ist kaum zu verkennen.

113 Speisemorchel

114 Frühjahrslorchel

Sein *Fleisch* ist weißlich, bis 0,5 cm dick und bricht leicht. Der Pilz ist *giftig*. Nach Abkochen und Wegschütten des ersten Kochwassers ist er allerdings schon gegessen worden.
Vorkommen: Man findet ihn von Mai bis Juni in Laub- und Nadelwäldern auf Kalk- und Mergelböden, stellenweise häufig.

112 Orangeroter Becherling

Aleuria aurantia (Fr.) Fuckel

Das 1–5 (10) cm breite, 0,2–0,3 cm hohe *Schüsselchen* verflacht sehr bald, reißt am Rand oft ein und liegt nicht selten am Boden auf, es ist innen glatt, orange bis mennigrot gefärbt, außen feinbekörnt weißlich bis zart orange gefärbt.

Selten findet man 6–8 cm breite, bis 3 cm hohe schlank, becherförmige Fruchtkörper.
Der Orangerote Becherling ist *geruchlos* und *schmeckt* mild. Er ist *eßbar.*
Vorkommen: Man findet den Orangeroten Becherling von Juni bis Oktober in Wäldern, oft in ganzen Kolonien, entlang von Fahrwegen, auf nacktem Boden wachsend. Der Pilz ist in allen Landstrichen verbreitet.
Bemerkung: Der Orangerote Becherling ist eine Zierde unserer Wälder, er ist einer der auffallendsten und die am meisten bekannte Becherlingsart.

113 Speisemorchel

Morchella esculenta Pers. ex St. Amans

RUNDMORCHEL, MAURACHERL

Der stattliche *Hut* ist in Form und Farbe sehr veränderlich, kugel- oder eiförmig bis kegelförmig, auch mehr oder weniger verbogen, 3–7 cm hoch und 3–5 cm breit. Riesenexemplare werden bisweilen groß wie ein Maßkrug.
Die *Hutoberfläche* ist durch erhabene Längsleisten und Querfalten oder *Rippen* netzähnlich aufgeteilt, bildet unregelmäßig rechteckige, wabige oder zellenartige, faltige und tiefe *Gruben* oder *Kammern*, ist hellockerfarbig bis tiefbraun, bisweilen auch weißgrau bis dunkelgrau, im Alter an den *Rippenrändern* schwärzlich.
Der *Stiel* ist 3–10 Zentimeter hoch, dick und faltig, aber dünnfleischig und hohl, am Grunde häufig verdickt, weiß bis hellgelblich und feinkleiig.
Das *Fleisch* ist weiß, wachsartig, zart, brüchig und kleiig und *riecht* und *schmeckt* angenehm würzig.
Die Speisemorchel wächst am liebsten auf kalkhaltigen und lehmigen Böden, auch auf alten Brandstellen (!), in lichten Auwäldern, besonders unter Ulmen, Eschen, Pappeln, auch in Parkanlagen, in Gebüschen, häufig unter Reisig, sowie auf den nahegelegenen Wiesen und Böschungen, auch im Gebirge, von April bis Mai, besonders nach warmem Regen, stellenweise häufig und ziemlich standortstreu. Im Zweiten Weltkrieg fand man sie nicht selten auf Ruinenfeldern und Schuttbergen der Städte.
Sie ist ein sehr geschätzter *Speisepilz,* der sich auch gut *trocknen* läßt. Man muß aber vorsichtig bei ihm sein, da er in größeren Mengen schwer verdaulich ist.

113a Spitzmorchel

Morchella conica. Pers.

Der mittelgroße *Hut* ist schlank, eiförmig bis kegelförmig, 7–10 cm hoch und bis 4 cm breit, mit fast linealgeraden (!), rechteckiglänglichen wabenartigen *Gruben* oder *Kammern*, die durch kräftige senkrechte *Längsleisten* und niedrigere *Querrunzeln* miteinander verbunden sind. Er ist hohl und zerbrechlich, olivbraun bis schwarzoliv und an den Rippenrändern schwärzlich. Der *Stiel* ist meistens so hoch wie der Hut (!), hohl und zerbrechlich, weißlich, glatt und zartkleiig gekörnelt. Das *Fleisch* ist wachsartig und zerbrechlich.
Man findet die Spitzmorchel besonders auf kalkhaltigen und sandigen Böden, in Auwäldern und Gärten, auf feuchten Wiesen, an Bachufern, Waldrändern und auf Brandstellen (!), von April bis Mai, stellenweise häufig. Jung und gut zerkleinert ist sie ein *guter Speisepilz.* Sie läßt sich auch trocknen und gibt als Pilzpulver eine vortreffliche Würze.
Bemerkung: Von der Speise- und Spitzmorchel wurden schon viele Formen (Abarten) beschrieben, alle sind eßbar.

114 Frühjahrslorchel **giftig**

Gyromitra esculenta (Pers.) Fr.

Der oft faustgroße *Hut* ist sehr unregelmäßig geformt, aufgeblasen rundlich oder buckliggrubig, meist breiter als hoch, bisweilen mehrzipfelig. Seine Oberfläche sieht durch vielgewundene dicke *Wülste* darm- oder gehirnähnlich aus, ist kaffeebraun bis schwarzbraun, innen weißlich bis weißgrau und teils mit dem Stiel verwachsen, teils lappig von ihm abstehend. Der *Stiel* ist bis 7 cm hoch, meist ungleichmäßig kurz und dick, markig oder gekammert bis hohl, grubig und faltig, grauweißlich und etwas filzig. Das *Fleisch* ist wachsartig, sehr dünn und zerbrechlich, der *Geruch* gut, der Geschmack mild und angenehm. Bei Kostprobe Vorsicht!
Seinen Standort hat der Pilz in sandigen Kiefernwäldern der Tiefebene wie des Gebirges, auf Kahlschlägen und an Waldrändern, besonders auch an alten Brandstellen (!) und unter dürrem Reisig, oft in großen Mengen, vom April bis Mai.
Die Frühjahrslorchel ist nur mit größter *Vorsicht* zu genießen, weil viele *tödlich* verlaufene Vergiftungsfälle sie zweifellos als höchst gefährlichen *Giftpilz* erkennen lassen. Wer sie trotzdem, auf *eigene Gefahr*, genießen will, muß sich der Verantwortung bewußt sein, wenn andere Personen an der Mahlzeit teilhaben sollen. Alle Lorcheln, Morcheln

115 Bischofsmütze

und Becherlinge sind wegen ihres wachsartigen Fleisches ohnehin, mindestens in großen Stücken, sehr schwer verdaulich und nur bei stärkerer Zerkleinerung wirklich schmackhaft und bekömmlich.
Der Frühjahrslorchel sehr ähnlich, auch in der schädlichen Wirkung, ist die Riesenstocklorchel, *Maublancomyces gigas (Krbh.) Herter,* mit heller gelblicher bis olivbrauner Hutfarbe.

116 Weiße Trüffel

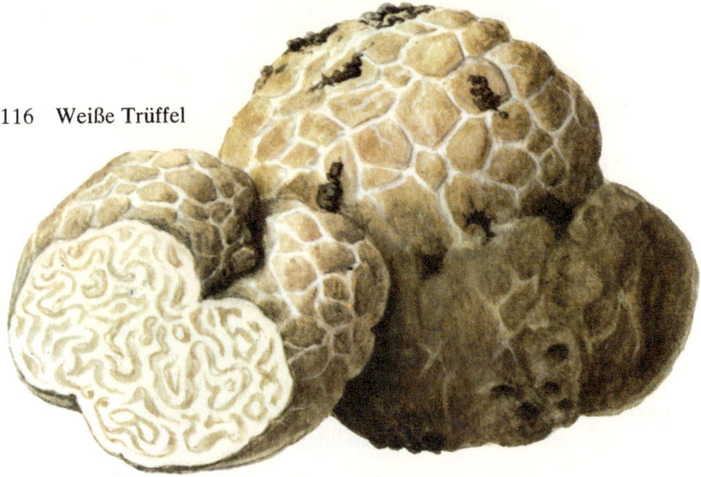

117 Sommer-Trüffel

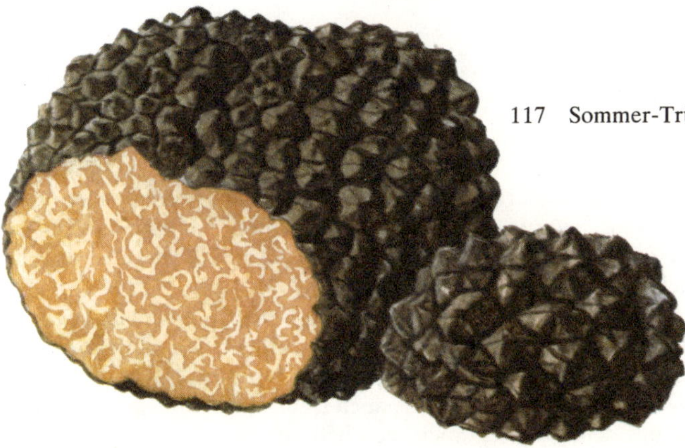

115 Bischofsmütze

Gyromitra infula (Schff.) Fr.

Der 4–6 cm hohe, bis 8 cm breite, unregelmäßig, zwei-, drei-, seltener vierlappige tütenartig aufgeblasene *Hut* ist rötlichbraun oder dunkelbraun gefärbt, glänzt etwas fettig und ist zuweilen violett bereift. Der

Hut ist mit dem Stiel, nicht selten überhängend, verwachsen, seine *Lappen* stehen nach oben, können aber auch zur Seite geneigt sein.
Der 5–8 cm lange, 1,5–2 cm dicke, länglichrunde, an der Basis zuweilen etwas aufgeblasene, seltener runzelig eingezogene *Stiel* ist fein bekörnt, weißlich oder grauweiß gefärbt und nicht selten violett behaucht, zuweilen ganz violett getönt.
Der *Innenraum* ist mehr oder weniger schichtartig, gekammert, im *Stiel* zuweilen hohl.
Das *Fleisch* der Bischofsmütze ist 2–3 mm dick, weißlich, knorpelig und bricht im Hut leicht. Der Pilz hat kaum einen *Geruch*, und er *schmeckt* angenehm. Er ist eßbar, sollte aber abgebrüht werden.
Vorkommen: Man findet den Pilz im Sommer und Herbst im Nadelwald und zuweilen auf alten Baumstümpfen, auch in den Fahrrinnen alter aufgelassener Forstwege; er ist weit verbreitet.
Bemerkung: Eine sehr schöne, regelmäßige, dreilappige Form der Bischofsmütze wächst auf Brandstellen.

116 Weiße Trüffel

Choiromyces maeandriformis Vitt.

Der 10–12 cm große, kugelige oder länglich runde, höckerige, faltige, außen jung weißliche, alt gelbbräunliche, zuweilen kleine, wenig tiefe Sprünge bekommende *Fruchtkörper* hat ein jung weißes, alt gelbbraunes weißlich, bänderig marmoriertes festes *Fleisch.* Jung ist er *geruchlos*, alt morchelartig, etwas scharf nach Knoblauchgas, überreif oder überständig widerlich stinkend. Er ist *eßbar.* Scharf getrocknet und zerrieben gilt er als sehr gutes Gewürz.
Vorkommen: Man findet ihn von Juli bis September, in Laub- und Nadelwäldern, auf schweren lehmigen Böden. Er ist in ganz Europa verbreitet.
Bemerkung: Die Weiße Trüffel, auch Deutsche Trüffel genannt, schaut meist mit dem Scheitel, aber auch halb aus dem Boden. Oft wachsen mehrere Fruchtkörper enggedrängt beisammen. Die oft reichlichen Fraßstellen werden bald wässerigbraun und dabei schmierig, sie müssen unbedingt ausgeschnitten werden.
Man schneidet die Weiße Trüffel in nicht zu dicke Streifen, legt diese kurz in kochendes Salzwasser und läßt sie abtropfen. Die so vorbereiteten Streifen werden dann in Butter gut gebraten und einer Fleischspeise beigelegt.
Bemerkung: Bei den Trüffeln liegen die Schläuche mit den Sporen im Innern.

117 Sommer-Trüffel

Tuber aestivum Vitt.

Die 2–10 cm großen, fast kugeligen, bläulich schwarzen oder braunschwarzen *Knollen* haben eine mit 0,2–1 cm großen vieleckigen *Warzen* besetzte Oberfläche. Beim Durchschneiden kommt die jung helle, bei der Reife bräunliche, mit weißen gebogenen Streifen durchzogene *Fruchtschicht* zum Vorschein.
Fein geschnitten ist sie *wohlriechend.*
Vorkommen: Von August bis November findet man die Sommertrüffel bei Laubbäumen, Eichen, Hainbuchen, Rotbuchen; unter dem Boden, oft aber mit dem Scheitel herausragend. In Deutschland kommt sie im Badischen, im Saargebiet und in den Auwäldern des Rheins, der Elbe und der Oder vor.
Sie ist *eßbar.* Speziell zugerichtet gilt sie als Delikatesse für Feinschmekker. Durch Sterilisieren in kleinen Gläsern werden die 2–5 Minuten in mildem Weißwein oder Salzwasser gekochten Trüffeln haltbar gemacht (nach Groß).
Bemerkung: Die Trüffeljagd ist ein schwieriges Unternehmen, das man am besten von Kennern lernt. Auch die vielen, oft sehr kleinen Trüffelarten lernt man am besten so kennen.

Hauptsächlich benutzte Literatur

Allgemeinbotanisch

Die Palaeobiologie, von K. Mägdefrau.

Lehrbücher der Botanik, von H. Guttenberg, K. Mägdefrau und W. Troll.

Lehrbuch der Botanik für Hochschulen, begründet von Strasburger, Noll, Schenck und Schimper, bearbeitet von Fitting, Harder, Schumacher und Firbas, letzte Auflage Stuttgart 1954.

Allgemeines

Schweizerische Zeitschrift für Pilzkunde, Bern-Bümpliz.

Westfälische Pilzbriefe, herausgegeben von Hermann Jahn, Heiligenkirchen/Detmold.

Zeitschrift für Pilzkunde (einschl. Puk = Pilz- und Kräuterfreund, 1917–1921), Darmstadt, zuletzt Karlsruhe, 1922–1942 und 1948–1975.

Anatomie

E. Gäumann, Vergleichende Morphologie der Pilze, 1926.

H. Lohwag, Anatomie der Asco- und Basidiomyceten, in: K. Linsbauers Handbuch der Pflanzenanatomie, Band 6, II. Abteilung, Teilband 3 c, Berlin 1941.

H. Lohwag u. M. Peringer, Zur Anatomie der Boletaceae, Annales Mycologici 35/1937, Nr. 5/6.

Morphologie und Entwicklungsgeschichte

J. A. von Arx, Pilzkunde, Lehre 1968.

E. Gäumann, Morphologie und Entwicklungsgeschichte der Pilze, 1926 und 1964.

E. Gäumann, Die Pilze, Grundzüge ihrer Entwicklungsgeschichte und Morphologie, Basel 1953.

H. Kreisel, Grundzüge eines natürlichen Systems der Pilze, Lehre 1969.

Blätter- und Bauchpilze

A. Pilat, Pilze, Amsterdam 1954.

B. Hennig (Michael/Hennig), Führer für Pilzfreunde, I, II, III, IV, V, VI (VI = Michael-Hennig-Kreisel) 1958, 1960, 1964, 1967, 1970, 1975.

J. Schäffer, Russula-Monographie, Bad Heilbrunn 1952.

M. Moser, Blätter- und Bauchpilze (Agaricales und Gastromycetes). Band II der Kleinen Kryptogamenflora von Helmut Gams, Jena 1953.

M. Moser, Blätter- und Bauchpilze, 2. Aufl., Stuttgart 1955.

M. Moser, Kleine Kryptogamenflora, Bd. II b/2, Die Röhrlinge und Blätterpilze (Agaricales), 1967.

M. Moser, Kleine Kryptogamenflora, Bd. II a, Ascomyceten (Schlauchpilze), 1963.

M. Moser, Phlegmacium, Monographie, Bad Heilbrunn 1961.
M. Geesteranus, Die terrestrischen Stachelpilze Europas, 1975.
R. Singer, Das System der Agaricales, Annales Mycologici 34/1936 u. 43/1942.
R. Singer, The Agaricales in Modern Taxonomy, 1975.
R. Singer, Die Pilze Mitteleuropas, Bd. V u. VI. Die Röhrlinge, Bad Heilbrunn 1965–1966.
Schussnig, Protophytenkunde, I u. II. 1953 u. 1960.

Pilzpraxis

W. Bötticher, Pilzverwertung und Pilzkonservierung, München 1950 (m. Ergänzungen von 1954).
W. Bötticher, Technologie der Pilzverwertung, Stuttgart 1975.

Verzeichnis der Pilzbeschreibungen

○ (Bei Erscheinungszeit:) möglich. ● (Bei Standort und Wert:) Text beachten.

Nr. (b.Nr.)	Name	Monat												Laubwald	Nadelwald	Wiesen/Felder	Giftig	Ungenießbar	Eßbar	Seite
		Januar	Februar	März	April	Mai	Juni	Juli	August	September	Oktober	November	Dezember							
(80)	Amethyst-Täubling							●	●	●	●				●				●	192
48	Anis-Trichterling (spangrüner)								●	●	●			●	●				●	145
53	Anis-Zähling							●	●	●	●			●					●	153
84	Apfeltäubling						●	●	●	●	●				●				●	196
(96)	Aschgrauer Leistling									●	●			●					●	212
62	Behangener Faserling					●	●	●	●	●	●			●					●	165
69	Birkenreizker								●	●	●			●				●		176
13	Birken-Röhrling						●	●	●	●	●			●					●	11/96
115	Bischofsmütze							●	●	●					●				●	235
(63)	Bitterer Schleimfuß								●	●	●				●			●		169
(67)	Blaublättriger Weißtäubling						●	●	●	●				●	●				●	174
64	Blaugestiefelter Schleimkopf									●	●			●	○				●	169
(63)	Blaustiel-Schleimfuß								●	●	●				●					169
101	Blasse Koralle								●	●	◖			●	○		●			53/216
86	Brauner Ledertäubling							●	●	●	●				●				●	197
38	Brennender Ritterling								○	●	●				●			●		134
(51)	Brennender Rübling							●	●	●	●	●		●	○			●		152

7	Butter-Röhrling								●	●	●				●				●	85
(101)	Dreifarbiger Ziegenbart								●	●	◖			●	○		●			217
(29)	Dünnfleischiger Egerling						●	●	●	●	◖				●				●	121
(68)	Edel-Reizker								●	●	●				●				●	176
(103)	Eichenglucke								●	●				●					●	221
(1)	Eichen-Steinpilz					D	●	●	●	●	●			●					●	76
20	Elfenbeinschneckling								◗	●	●			●					●	104
61	Erdblättriger Rißpilz								◗	●	●	◖		○	●		●			165
40	Erdritterling								◗	●	●			●	●				●	42/45/56/137
(94)	Falscher Pfifferling								◗	●	●	◖			●				●	208
(58)	Faltentintling						●	●	●	●	●	◖				●			○	161
51	Feld-Schwindling						◗	●	●	●	●	●				●			●	42/75/149
49	Feld-Trichterling							◗	●	●	●					●	●			53/148
68	Fichtenreizker							○	●	●	●				●				●	176
106	Flaschenstäubling							●	●	●	●	●		●	●	●			●	221
(15)	Fleckender Gelbfuß							◗	●	●	◖				●				●	98
(44)	Fleischfarbener Lackpilz						●	●	●	●	●	●		●	●				●	142
26	Fliegenpilz							●	●	●	●			●	●		●			11/14/25/34 52/71/114
10	Flockenstieliger Hexenröhrling					●	●	●	●	●	●	●		●	●				●	31/89
(22)	Frühlingsknollenblätterpilz					◗	●	●						●			●			109
(41)	Frühlings-Weichritterling				●	●	○			○	○				●				●	140
114	Frühjahrslorchel				●	●	●								●		●			53/233
3	Gallen-Röhrling							○	●	●	●	○			●			●		80
(98)	Gallen-Stacheling								●	●	●				●			●		213

Nr. (b.Nr.)	Name	Monat: Januar	Februar	März	April	Mai	Juni	Juli	August	September	Oktober	November	Dezember	Laubwald	Nadelwald	Wiesen/Felder	Giftig	Ungenießbar	Eßbar	Seite
77	Gallen-Täubling									●	●	◖		●	○			●		188
25	Gedrungener Wulstling					○	●	●	●	●	●			○	●				●	52/113
95	Gelbe Kraterelle									●	●	●			●				●	209
(1)	Gelber Bronzeröhrling							●	●	●				●	●				●	77
(76,85)	Gelber Graustieltäubling						●	●	●	●					●				●	185/197
(23)	Gelber Knollenblätterpilz								●	●	●	●			●			●		53/108/110
41	Gemeiner Weichritterling						●	●	●	●	●	●		●	●				●	137
65	Geschmückter Gürtelfuß							●	●	●	●	◖			●				●	172
(39)	Gilbender Ritterling					◗	●	●	●	●	●	◖		○					●	136
(11)	Glattstieliger Hexenröhrling							●	●	●	●			●					○	93
100	Goldgelbe Koralle								●	●	●			●	●				●	216
91	Goldtäubling							●	●	●				●	●				●	204
(20)	Goldzahnschneckling							●	●	●				●	●				●	104
89	Grasgrüner Täubling						●	●	●					●	●				●	201
(31)	Großer Blutegerling							●	●	●				●					●	125
15	Großer Gelbfuß						●	●	●	●	●				●				●	27/97
(57)	Grünblättriger Schwefelkopf	○			○	●	●	●	●	●	●	●	●	●	●		●			53/160
22	Grüner Knollenblätterpilz								●	●				●			●			51/105
88	Grünfeldriger Täubling							●	●	●				●	○				●	201
36	Grünling									◗	●	●			●				●	108/132

98	Habichtspilz								●	●	●	●			●				●	213
102	Hahnenkamm								●	●	●			●	○				●	217
54	Hallimasch							○	○	●	●	●		●	●			○	○	20/54/153
90	Harter Zinnobertäubling							●	●	●	●			●				●		202
63	Heide-Schleimfuß									●	●				●				●	168
(86)	Heimtückischer Täubling								●	●	●	◐			●			●		200
96	Herbst-Trompete									●	●			●					●	209
87	Heringstäubling							●	●	●	●	◐		●	●				●	200
80	Jodoform-Täubling						●	●	●	●	●				●				●	192
(21)	Jungfern-Ellerling									●	●	●				●			●	105
(26)	Kaiserling							●	●	●				●	○				●	12/116
17	Kahler Krempling						●	●	●	●	●	●		○	●		●			53/100
72	Kampfer-Milchling							●	●	●	●	●			●			●		180
(29)	Karbol- oder Tintenegerling							●	●	●	●			○		●	●			121
105	Kartoffelbovist							●	●	●	●	●		●	●		●			53/221
47	Keulenfüßiger Trichterling								●	●	●	◐			●				●	144
104	Klebriger Hörnling	●			○	○	●	●	●	●	●	●	●		●					220
52	Knoblauch-Schwindling							●	●	●	●				●				●	152
8	Körnchen-Röhrling					●	●	●	●	●	○			●	●				●	88
103	Krause Glucke							●	●	●	●				●				●	217
111	Kronenbecherling					●	●	●						●	●		●			52/229
16	Kupferroter Gelbfuß							●	●	●	●	◐			●				●	98
(59)	Lila Dickfuß								●	●	●			●	●		○	●		162
79	Lilagrüner Täubling						●	●	●	●	●			●	●				●	189
44	Lila Lackpilz							●	●	●	●	●		●	●				●	56/141

Nr. (b.Nr.)	Name	Monat												Laubwald	Nadelwald	Wiesen/Felder	Giftig	Ungenießbar	Eßbar	Seite
		Januar	Februar	März	April	Mai	Juni	Juli	August	September	Oktober	November	Dezember							
73	Maggipilz								●	●	●				●		●			181
19	Märzschneckling			●	●	●								●	●				●	42/101
34	Maipilz					●	●	○						●	●	○			●	14/42/72/128
4	Maronen-Röhrling							○	●	●	●	◖			●				●	81
(42)	Maskenritterling									●	●	◐		○		●			●	56/140
50	Mehlräsling						●	●	●	●	●			●	●				●	11/148
70	Milchbrätling							●	●	●	●			●	●				●	177
71	Milder Milchling									●	●	◖			●			○	○	178
81	Milder Wachstäubling						○	●	●	●	●				●				●	192
74	Mohrenkopf							●	●	●	●				●				●	181
42	Nackter Ritterling	○								●	●	●	○	●	●				●	42/75/140
(56)	Nadelholz-(Schüppling)Häublg.							○	●	●	●	○			●		●			31/160
(52)	Nadel-Schwindling					○	●	●	●	●	●	●	○		●			●		152
(23)	Narzissengelber Wulstling						●	●	●	●	◖			●	●			○	○	110
45	Nebelkappe									●	●	●		●	●				●	52/53/72/142
11	Netzstieliger Hexenröhrling						●	●	●	●	●			●					●	92
46	Ockerbrauner Trichterling					●	●	●	●	●	●			●	●				●	144
(65)	Orangefuchsiger Schleierling								●	●	●			●	○		●			51/52/172
112	Orangeroter Becherling						●	●	●	●	●			●	●				●	231
(85)	Orangeroter Graustieltäubling							●	●	●	●				●				●	197

24	Pantherpilz							●	●	●	●			●	●		●			52/112
(75)	Pechschwarzer Milchling							●	●	●	●				●			○	○	185
27	Perlpilz						○	●	●	●	●			●	●				●	52/116
66	Pfeffer-Milchling							●	●	●	●			●	●			○	○	71/172
94	Pfifferling						D	●	●	●	●			●	●				●	14/75/208
57	Rauchgraubl. Schwefelkopf	○		○	○	○	○	○	●	●	●	●	○		●				●	56/75/160
59	Reifpilz							○	●	●	●			○	●				●	162
43	Rettich-Helmling							●	●	●	●	◖		●	●				●	141
(107)	Riesenbovist							○	●	●	○					●			●	33/225
32	Riesenrötling					○	●	●	●	●				●			●			125
33	Riesenschirmling							●	●	●	●				●				●	75/127
(114)	Riesen-Stocklorchel				●	●									●		●			52/234
(49)	Rinnigbereifter Trichterling							●	●	●	●					●	●			53/148
6	Rotfuß-Röhrling						●	●	●	●	●			●	●				●	84
2	Rothütiger Steinpilz					○	●	●	●	●	●				●				●	77
(14)	Rotkappe-Heide						●	●	●	●	●			○					●	96–97
14	Rotkappe						○	●	●	●	●				●				●	96
(72)	Rotbrauner Milchling						○	●	●	●	●	◖			●			●		180
(33)	Rötender Schirmling						○	●	●	●	●	◖		○	●				●	128
75	Rußfarbener Milchling							●	●	●	●			●	●			○	○	184
9	Satanspilz							●	●	●				●			●			53/71/88
18	Samtfuß-Krempling							●	●	●	●				●			●	○	100
(38)	Schärflicher Ritterling								●	●	●			●				●		136
29	Schaf-Egerling						○	●	●	●	◖					●			●	120
28	Scheidenstreifling					◗	●	●	●	●	●			●	●				●	117

Nr. (b.Nr.)	Name	Monat												Laubwald	Nadelwald	Wiesen/Felder	Giftig	Ungenießbar	Eßbar	Seite
		Januar	Februar	März	April	Mai	Juni	Juli	August	September	Oktober	November	Dezember							
12	Schönfuß-Röhrling							●	●	●	●			●	●		○	●		53/93
58	Schopf-Tintling				○	○	●	●	●	●	●	○				●			●	161
107	Schwärzlicher Bovist						●	●	●	●	●	●				●			●	224
35	Schwarzfaseriger Ritterling									●	●	●			●				●	56/129
(36)	Schwefel-Ritterling							●	●	●	●			●	●		○	●		132
97	Schweinsohr								●	●	●			●	●				●	212
37	Seifenritterling								○	●	●	○		●	●			●		133
99	Semmel-Stoppelpilz							○	●	●	●	●		●	●				●	213
117	Sommer-Trüffel									●	●	●		●					●	237
113	Speisemorchel				D	●	●							●					●	75/232
78	Speise-Täubling						●	●	●	●	●			●	●				●	188
83	Speitäubling							●	●	●	●			●	●		○	●		194
(113a)	Spitzmorchel			D	●	●	ᗡ							●	●				●	233
92	Stachelbeer-Täubling							◗	●	●	●	◖			●		○	●		204
1	Steinpilz						○	●	●	●	◐				●				●	43/76
108	Stinkmorchel						●	●	●	●	●			●	●			●		12/25/89/42/71/225
56	Stockschwämmchen				○	●	●	●	●	●	●	●	○	●					●	74/75/157
(17)	Tannenreizker						○	●	●	●	●	○			●			●		100
(79)	Tauben-Täubling						○	●	●	●	○			●					●	189
39	Tiger-Ritterling							○	●	●	○			●			●			52/53/136

109	Tintenfischpilz							●	●	●	●	○		●	○	○		●		228
(95)	Trompeten-Pfifferling									●	●	●		●	●				●	209
(20)	Verfärbender Schneckling							○	●	●	●			●				●		104
110	Vierteiliger Erdstern									●	●	●			●			●		229
31	Wald-Egerling							○	●	●	●	●			●				●	124
(51)	Waldfreund-Rübling						●	●	●	●	●	●		●	●			●		152
82	Wechselfarbiger Speitäubling						●	●	●	●	●			●	●		○	●		193
85	Weinroter Graustieltäubling							●	●	●	●				●				●	197
(48)	Weißer Anis-Trichterling					○	●	●	●	●	●	○		●	●				●	145
(1)	Weißer Bronzeröhrling							○	●	●	○			●					●	77
23	Weißer Knollenblätterpilz							○	●	●	○				●		●			31/109
116	Weiße Trüffel							●	●	●	●			●	●				●	236
(43)	Weißmilchender Helmling						○	○	●	●	●	○			●			●		141
30	Wiesen-Egerling						○	○	●	●	●	○				●			●	32/121
21	Wiesen-Ellerling									●	●	○				●			●	105
(86)	Wiesel-Täubling								●	●	●				●				●	198
55	Winterpilz	○	○	○					○	●	●	●	●	●					●	43/56/75/156
67	Wolliger Milchling								●	●	●			●	●			●		173
(12)	Wurzel-Röhrling							●	●	●	●			●				●		94
5	Ziegenlippe						●	●	●	●	●	○		●	●				●	81
60	Ziegelroter Rißpilz						●	●	◐					●			●			42/53/164
93	Zitronenblättriger Täubling								●	●	●	◐			●			●		205
76	Zitronentäubling							●	●	●	●			●	●				●	185
(31)	Zweisporiger Egerling					○	○	●	●	●	●					●			●	125
(107)	Zwergbovist							●	●	●	●					●			●	224

Verzeichnis botanischer Namen

Namen- und Sachverzeichnis

Die im Verzeichnis der Pilzbeschreibungen angeführten Pilznamen werden hier nicht mehr aufgeführt. Die im Text verwendeten botanischen Namen siehe S. 248